农业推广硕士

食品加工与安全专业复习指南

郭顺堂　主编

中国农业大学出版社
·北京·

图书在版编目(CIP)数据

农业推广硕士食品加工与安全专业复习指南/郭顺堂主编.—北京:中国农业大学出版社,2011.11

ISBN 978-7-5655-0336-8

Ⅰ.①农… Ⅱ.①郭… Ⅲ.①食品加工-食品安全-研究生-入学考试-自学参考资料 Ⅳ.①TS201.6

中国版本图书馆 CIP 数据核字(2011)第 119310 号

书　　名　农业推广硕士食品加工与安全专业复习指南

作　　者　郭顺堂　主编

策划编辑　魏秀云　　**责任编辑**　李丽君

封面设计　郑　川　　**责任校对**　王晓凤　陈　莹

出版发行　中国农业大学出版社

社　　址　北京市海淀区圆明园西路 2 号　　**邮政编码**　100193

电　　话　发行部 010-62731190,2620　　读者服务部 010-62732336

编辑部 010-62732617,2618　　出　版　部 010-62733440

网　　址　http://www.cau.edu.cn/caup　　**E-mail** cbsszs@cau.edu.cn

经　　销　新华书店

印　　刷　北京时代华都印刷有限公司

版　　次　2011 年 11 月第 1 版　　2011 年 11 月第 1 次印刷

规　　格　787×980　16 开本　10 印张　180 千字

定　　价　25.00 元

主　编　郭顺堂

编委会　陈　敏　冯力更　李　博
　　　　生吉萍　戴蕴青　石宝霞
　　　　李　文

前 言

在市场经济条件下，我国农业正由传统农业向现代农业转变，正在走产业化发展的道路。在农业产业化进程中，以农产品保鲜、加工和食品安全为主要内容的商品化技术在增强不同区域的农业比较优势和竞争优势上发挥了重要作用，促进了区域经济的发展，成为我国加强新农村建设和解决“三农问题”的重要途径。

我国的农业现在还没有一个健全的产业体系，产业内部没有形成良性循环，特别是在食品加工领域出现了大量的质量安全问题，不仅对我国人民生活造成了严重的影响，同时也严重影响了我国农产品或食品的市场竞争力。可见，农业不再是传统意义上的农业，而是一个关乎人类健康的产业，而农产品加工与安全贯穿了整个农业产业链，是从农田到餐桌整个过程中最重要的组成部分。因此，为加强农业产业化提高农产品食品的安全水平，保障人民的身体健康，有必要加强食品加工和安全方面的人才培养和队伍建设。

目前，我国农业生产已培养了大量的种植、养殖和管理方面的人才，而农业产业中的农产品加工与安全方面的专业人才相对非常短缺。针对这一问题，2006 年初，我们率先提出了增设“食品加工与安全”专业学位新领域，并获得了国家相关部门的批准，使我国的农业推广专业学位体系更加完善。至今，该领域已有院校获得了招生权，招生人数达 460 余名，并呈现出良好的增长势头，满足了各地方企事业单位对食品加工与安全专业人才的需求。

农业推广硕士食品加工与安全领域是针对我国现代农业产业化和食品安全技术的发展要求，加强对农业第一线人才的培养，使他们成为具备综合职业能力和全面素质的应用型、复合型高层次人才。培养模式是采取的“进校不离岗”，并与学员的工作实践相结合。这种方式获得了学员单位和考生的青睐，报考人数逐年增加。为加强考生对该领域的专业基础知识的了解，把握该领域的培养方向，我们结合多年来教学经验，组织专家编写了这本复习指南，其目的是给报考者提供基础专业知识强化学习的参考，也可以作为一般食品安全生产和管理者学习的参考书。

本书由郭顺堂教授提出整体的框架结构，并最后对全书进行了统稿、修改、定稿。本书共有 4 部分内容，第 1 部分食品化学与食品分析，由陈敏教授、戴蕴青高级实验师编写；第 2 部分食品安全质量控制体系，由冯力更副教授编写；第 3 部分食品工艺学概论，由李博副教授编写；第 4 部分安全农产品生产，由生吉萍教授编写；石宝霞老师和李文老师参与了本书部分章节的编写和统稿工作。本书在编写过程中得到了中国农业大学研究生院于嘉林、李建强副院长、王文处长和全国农业推广专业学位秘书处以及“食品加工与安全”专家组的大力支持，在此向他们表示衷心的感谢！

编　者

2010 年 12 月

目　　录

第1部分　食品化学与食品分析

1.1　食品化学

1.1.1　食品化学的定义、内容与作用

1.1.1.1　食品化学的定义

食品化学是食品科学与工程的基础，是从化学角度研究食品的化学组成、结构、理化性质、营养和安全性的科学，同时研究食品在生产加工、储存和运销过程中所产生的化学变化及其对食品品质和食品安全性影响。

1.1.1.2　食品化学的内容

(1)营养成分、风味成分和有害成分的化学组成、结构、性质和在食品中的功能特性。

(2)食品中各种成分之间在生产、加工、储藏、运销中的化学反应过程和反应机理，以及终产物及其对食品的营养价值、感官品质和安全性的影响。

(3)食品储藏、加工的新技术，新产品、新食品资源及新的食品添加剂等开发。

1.1.1.3　食品化学的作用

食品化学可以为改善食品品质、开发食品新资源、革新食品加工工艺和储运技术、科学调整膳食结构、改进食品包装、加强食品质量控制及提高食品原料加工和综合利用技术提供理论基础。

1.1.1.4 食品在储藏加工过程中发生的化学反应

食品在储藏加工过程中发生的化学反应主要包括：

(1)食品的非酶褐变。

(2)酶促褐变。

(3)水活性改变引起食品质量变化。

(4)脂类的水解、脂类自动氧化、脂类热降解。

(5)蛋白质变性。

(6)低聚糖和多糖的水解。

1.1.2 食品中的水

1.1.2.1 水在食品中的重要作用

水的含量、分布和状态对食品结构、外观、质地、风味、色泽、新鲜程度和腐败变质的敏感性产生极大的影响。

1.1.2.2 食品中的水分含量

蔬菜含水量在90%以上。肉类含水量在70%左右。面包和馒头含水量在40%左右。饼干、糖果、奶粉等食品的含水量在8%以下。脂肪中的水分含量最低(小于0.5%)。

1.1.2.3 水的物理性质

水分子之间由于可以形成三维氢键，因此具有高熔点(0℃)、高沸点(100℃)、高介电常数、高热容量、高相变热等特点，对于食品加工烹调过程具有重要影响。

1.1.2.4 水和冰的结构与性质

1.水和冰的分子结构

水分子为四面体结构，氢原子极易与另一水分子通过氢键产生了较强的三维氢键缔合作用。水中的各个水分子频繁地改变它们的结合排列，即一个氢键快速地终止而代之以一个新的氢键重新形成，而在温度不变的条件下，整个体系维持一定程度的氢键键合和网络结构。

冰是由水分子有序排列形成的结晶，水分子间靠氢键连接在一起形成的刚性结构，密度低于水。水和冰中的大量氢键是其具有特殊物理常数的原因。

2.冰的形成

水结冰常常先被冷却至过冷状态，开始出现稳定晶核时，才会围绕晶核形成冰晶。开始出现稳定晶核时的温度叫过冷温度。

1.1.2.5 食品中水与非水成分相互作用

1.水与离子及离子基团的相互作用

水与离子或离子基团（Na^+、Cl^-、$—COO^-$、$—NH_3^+$ 等）相互作用是通过离子或离子基团的电荷与水分子发生静电相互作用。

2.水与中性基团的相互作用

水能够与各种合适的基团，如碳水化合物和蛋白质分子上的羟基、氨基、羧基、酰胺或亚氨基等极性基团形成氢键。在生物大分子内或两个大分子之间可形成由几个水分子所构成的"水桥"。

3.水与非极性物质的相互作用

把疏水性物质，如脂肪酸以及蛋白质的非极性基团等加入水中，由于极性的差异发生了疏水相互作用，就是疏水基团尽可能聚集（缔合）在一起以减少它们与水分子的接触。疏水相互作用是维持蛋白质三级结构的重要因素，因此，水及水的结构在蛋白质结构中起着重要的作用。

1.1.2.6 食品中水的存在形式

1.结合水

结合水是指存在于溶质或其他非水组分附近的、与溶质分子之间通过化学键结合的那一部分水，结合水又分为化合水、邻近水和多层水。

化合水　或称为组成水，是指与非水物质结合并构成非水物质整体的那部分水，如位于蛋白质分子内空隙中或者作为化学水合物中的水。

邻近水　是指处在非水组分亲水性最强的基团周围的第一层位置，主要的结合力是水-离子和水-偶极间的缔合作用，与离子或离子基团缔合的水是结合最紧密的邻近水。

多层水　是指位于以上所说的第一层的剩余位置的水和在单分子层水的外层形成的另外几层水，主要是靠水-水和水-溶质氢键的作用。

2. 体相水

体相水是指被组织中的显微和亚显微结构及膜所阻留住的水，又分为滞化水、毛细管水和自由流动水。

3. 不同类型水的性质

结合水在−40℃不结冰、不能作为所加入溶质的溶剂、也不能被微生物所利用。结合水的量与食品中有机大分子的极性基团的数量有比较固定的比例关系。结合水对食品的风味起重要作用，结合水的蒸汽压比体相水低得多，当其被强行与食品分离时，食品的风味和质量就会发生改变。

1.1.2.7　水分活度与食品的稳定性之间的关系

1. 水分活度的定义

水分活度是指食品中水的蒸汽压与同温下纯水的饱和蒸汽压的比值，可用公式表示如下：

$$A_W=\frac{P}{P_0}$$

式中：A_W是水分活度；P是食品在密闭容器中达到平衡的水蒸气分压，即食品上空水蒸气的分压力；P_0为测定温度下纯水的饱和蒸汽压。一般说来，P随食品中易被蒸发的自由水含量的增多而加大。

2. 水分活度与温度的关系

水分活度是温度的函数，相同含水量的食品温度升高水分活度增大。温度变化对水分活度产生的效应将会影响密封袋装或罐装食品的稳定性。

在冰点以下温度时，由于冰的存在，水分活度不再受食品中非水组分种类和数量的影响，只与温度有关。

3. 水分活度与微生物生命活动的关系

食品中各种微生物的生长繁殖，是由其水分活度而不是由其含水量所决定，水分活度决定了微生物在食品中萌发的时间、生长速率及死亡率。不同的微生物在食品中繁殖时对水分活度的要求不同。食品中有害微生物生长的最低水分活度为0.86～0.97。一般来说，细菌对低水分活度最敏感，酵母菌次之，霉菌的敏感性最差。

4. 降低水分活度提高食品稳定性的原理

大多数食品化学反应的最大反应速度一般发生在具有中等水分含量的食品中（A_w为0.7～0.9），当降低A_w时，除了脂类的氧化反应外，其他反应速度全都保持在最小值，同时，控制食品的水分活度可以防止有害微生物生长，延长食品保存期。

1.1.2.8　食品的冻结对食品稳定性的影响

1. 冻藏时冰对食品稳定性的影响

冷冻作用主要在于低温情况下微生物的繁殖被抑制、一些化学反应的速度常数降低，因此可以提高一些食品的稳定性。冷冻的不利后果：水转化为冰后，其体积会相应增加引起食品细胞机械性损伤；冷冻浓缩效应使某些反应速度增加。

2. 冷冻的方法

食品应采用速冻方法。由于速冻时水冻结速率快，形成的冰晶数量多，颗粒小，对食品结构破坏小。温度波动也会使冰晶增大，因此，食品冻藏时，要尽量控制温度的恒定。

1.1.3　碳水化合物

1.1.3.1　碳水化合物定义和分类

碳水化合物又称糖，是生物体维持生命活动所需能量的主要来源，普遍存在于谷物、水果、蔬菜及其他人类能食用的植物中，其结构是多羟基醛或酮及其衍生物和缩合物。

按照还原性来分，碳水化合物可分为还原糖，如葡萄糖、麦芽糖；非还原糖，如淀粉等。

按照形成碳水化合物的单糖单元数目来分，碳水化合物可分为单糖、低聚糖和多糖 3 类。

单糖是碳水化合物中结构最简单，不能再被水解为更小单位的糖类，其中以戊糖、己糖最为重要，如葡萄糖、果糖等。

低聚糖是指聚合度为 2～10 个单糖的糖类，按水解后生成单糖数目的不同，低聚糖又分为二糖、三糖、四糖等，其中以二糖最为重要，如蔗糖、麦芽糖等。

多糖一般指聚合度大于 10 的糖类，重要的多糖如淀粉、纤维素、果胶等。

1.1.3.2　单糖和低聚糖的重要性质

1. 甜度

甜味是单糖和低聚糖的重要物理性质，甜味的强弱是用甜度来表示，但甜度目前还不能用物理或化学方法定量测定，只能采用感官比较法测定。通常以蔗糖(非还原糖)为基准物。一般以 10%或 15%的蔗糖水溶液在 20℃时的甜度为 1.00，相比之下果糖的甜度为1.50,葡萄糖的甜度为0.70,因为这种甜度是相对的,所以又称为比甜度。

2.溶解度

各种糖都能溶于水中,但溶解度不同。糖的溶解度,随温度升高而增大。果糖的溶解度最高,其次是蔗糖、葡萄糖、乳糖等。

3.结晶性

某些糖可以浓缩后形成晶体,如葡萄糖、蔗糖。不同种糖的混合物不易结晶,如转化糖。

4.吸湿性和保湿性

糖的吸湿性是指在较高的空气湿度情况下,糖吸收水分的性质。糖的保湿性是指在较低空气湿度情况下,糖保持水分的性质。

各种糖吸湿性不相同,以果糖、转化糖的吸湿性为最强,葡萄糖、麦芽糖次之,蔗糖吸湿性最小。不同种类的食品对于糖吸湿性和保湿性的要求不同。例如,硬糖果要求吸湿性低,避免遇潮湿天气吸收水分导致溶化,所以用蔗糖为宜。而软糖果则需要保持一定的水分,避免在干燥天气干缩,应用转化糖浆和果葡糖浆为宜。面包、糕点类食品也需要保持松软,应用转化糖和果葡糖浆为宜。

5.黏度

糖浆的黏度对食品加工具有重要意义。葡萄糖和果糖的黏度较蔗糖低,淀粉糖浆的黏度较高。不同成分的淀粉其黏度是不相同的。固形物和糊精含量较高时,溶液的黏度较大,反之,还原糖含量高时,其黏度就较低。在蔗糖溶液中加入淀粉糖浆就是利用其黏度来阻止蔗糖分子的结晶。糖浆的黏度都是随着温度变化而改变的。在一定范围内温度升高,黏度降低;温度降低,黏度就增高。

1.1.3.3 碳水化合物的重要化学反应

1.糖的水解

糖在酸或水解酶的催化作用下可以水解成单糖或低聚糖,例如蔗糖在盐酸作用下水解生成等摩尔的葡萄糖和果糖。淀粉酶水解淀粉成麦芽糖和葡萄糖。

2.美拉德反应及影响因素

美拉德反应又称羰氨反应,即指羰基与氨基经缩合、聚合生成类黑色素的反应。此反应可为食品提供香气物质和颜色。

由于美拉德反应的产物是棕色缩合物,该反应又称为褐变反应。这种褐变反应与酶无关,属于非酶褐变。几乎所有的食品均含有羰基(来源于糖或油脂氧化酸败产生的醛和酮)和氨基(来源于蛋白质),都可能发生羰氨反应,因此在食品加工中由羰氨反应引起食品颜色加深的现象比较普遍。如焙烤面包产生的金黄色，烤肉所产生的棕红色等。

美拉德反应与参与反应的糖及氨基化合物的种类、温度、氧气、水分及金属离子等有关。控制这些因素可促进或抑制褐变，这对食品加工具有实际意义。

(1)羰基化合物的影响　还原糖的美拉德反应速度，戊糖＞己糖＞双糖，醛糖＞酮糖；六碳糖中：半乳糖＞葡萄糖＞果糖；双糖中：乳糖＞蔗糖＞麦芽糖。

(2)氨基化合物的影响　氨基酸、肽类、蛋白质、胺类均与褐变有关。碱性氨基酸(末端)的氨基易褐变，如赖氨酸。

(3)pH 的影响　pH＝3 以上时，其反应速度随 pH 的升高而加快，降低 pH 可以控制褐变，例如高酸度的食品像泡菜就不易褐变。

(4)水分的影响　水分在 10%～15%时，褐变易进行。干燥食品，褐变受到抑制。

(5)温度的影响　美拉德反应受温度的影响很大，氨基酸与糖发生的羰氨反应随温度的升高而加快。不需要褐变的食品在加工处理时应尽量避免高温长时间处理，且储存时以低温为宜。

(6)金属离子的影响　由于铁和铜催化还原酮类的氧化而促进褐变，所以在食品加工处理过程中避免这些金属离子的混入。

(7)亚硫酸盐的影响　亚硫酸盐或酸式亚硫酸盐可以抑制美拉德反应。在美拉德反应还没有发生之前加入亚硫酸盐，可以抑制美拉德反应。

3. 焦糖化反应

糖类尤其是单糖在没有氨基化合物存在的情况下，加热到熔点以上的高温(一般是 140～170℃)时，因糖发生脱水与降解，会发生褐变反应，这种反应称为焦糖化反应。焦糖化反应产物为食品提供了颜色与香气。

1.1.3.4　多糖的结构和性质

1. 淀粉的结构

淀粉分子是以 *D*-葡萄糖为基本单位组成的大分子聚合物，葡萄糖以 α-1,4 苷键或 α-1.6 苷键结合。葡萄糖残基在淀粉分子中互相结合形成两种结构不同的分子链，以 α-1,4 苷键结合的葡萄糖线性大分子化合物叫做直链淀粉，以 α-1,4 苷键为主链，α-1.6 苷键为支链连接点的多分枝大分子叫做支链淀粉。

2. 淀粉的糊化与老化

淀粉的糊化：对淀粉-水体系进行加热处理，淀粉同水分子产生氢键，淀粉粒的体积增大。最终淀粉分子分散，体系的黏度增加，双折射现象消失，这个过程就是淀粉的糊化。处于糊化状态的淀粉称之为 α-淀粉，而导致淀粉颗粒溶胀、其内部结构破坏的温度范围，称为淀粉的糊化温度。

淀粉的老化：糊化的淀粉在放置一段时间以后淀粉由分散态向不溶的微晶态、聚集态进行不可逆转变，最终产生不溶性的白色沉淀物的现象称为老化。

淀粉糊化和老化的影响因素：

(1)直链淀粉与支链淀粉的比例　直链淀粉在冷水中不易溶解、分散，直链淀粉含量越高，淀粉难以糊化，糊化温度高。直链淀粉是线形分子易于取向，因此较支链淀粉更易于老化。

(2)水分活度　在水分活度较低时，糊化就不能发生或者糊化程度非常有限。糊化的淀粉产品迅速降低其水分活度后，可以避免老化。

(3)温度　小颗粒淀粉的结构较紧密，糊化温度较高；反之，大颗粒的淀粉分子糊化较容易。低温(如0℃)有利于淀粉老化。

(4)其他　一些化合物也能影响淀粉的糊化，例如高浓度糖降低了淀粉糊化的程度、黏度的峰值和所形成凝胶的强度，不同糖类抑制淀粉糊化的能力大小顺序为蔗糖＞葡萄糖＞果糖。而脂类化合物，由于能与直链淀粉形成复合物，脂肪酸部分碳链进入其螺旋，推迟了淀粉颗粒的溶胀，使糊化温度升高。同时含糖或含脂的糊化淀粉因小分子糖和脂肪对淀粉分子聚集作用的阻碍，不易老化。

3.改性淀粉及其用途

将天然淀粉进行物理、化学或酶处理，这种经过处理的淀粉通称为改性淀粉。改性淀粉的物理性质，如水溶性、黏度、色泽、味道、流动性等与天然淀粉不同。改性淀粉主要有：

(1)可溶性淀粉　可溶性淀粉是经过轻度酸或碱处理的淀粉，其淀粉溶液热时有良好的流动性，冷凝时能形成坚柔的凝胶，α-淀粉则是由物理处理方法生成的可溶性淀粉。

(2)氧化淀粉　工业上应用次氯酸钠、过氧化氢等处理淀粉而得到的产品，通过氧化反应可改变淀粉的胶凝性质。这种氧化淀粉糊的黏度较低，但稳定性高，较透明，颜色较白，生成薄膜的性质好。

(3)交联淀粉　用具有多元官能团的试剂将不同淀粉分子连接，产生的淀粉称为交联淀粉。交联淀粉具有良好的机械性能，并且耐酸、耐热和耐碱。

(4)酯化淀粉　用酸与淀粉作用而制备淀粉酯，凝沉性弱，稳定性高。

(5)醚化淀粉　淀粉糖基单体上的游离羟基可被醚化而得到醚化淀粉。醚化淀粉糊化温度较低，受热膨胀较快，糊的透明性和胶黏性较高，凝沉性较弱，干燥后形成透明、柔软的薄膜。

4. 非淀粉多糖

(1)纤维素　纤维素是植物组织中的一种结构性多糖,是植物细胞壁的主要成分。纤维素是 D-葡萄糖以 β-1,4 糖苷键连接而成的直链分子。纤维素不溶于水,机械性能很强,化学性质也很稳定。

(2)果胶　果胶分子是由半乳糖醛酸和鼠李糖组成的杂多糖。果胶物质广泛分布于植物的根、茎、叶、果实等的细胞初生壁和细胞间隙,主要用途是作为果酱与果冻的胶凝剂。羧基酯化的百分数称为酯化度(DE),果胶根据酯化度不同分为高甲氧基果胶(HM)和低甲氧基果胶(LM)。分子中低于一半的羧基是甲酯化的,称为低甲氧基果胶;酯化度高于50%的,称为高甲氧基果胶。

HM果胶溶液必须在具有足够的糖和酸存在的条件下才能胶凝,又称为糖-酸-果胶凝胶。LM果胶(酯化度DE<50)必须在二价阳离子(如 Ca^{2+})存在情况下形成凝胶,胶凝能力随DE的减少而增加。

1.1.4 脂肪

1.1.4.1　脂类化合物的结构、分类和名称

1. 油脂的结构特点

食用油脂的主要成分是中性脂肪,结构是三酰甘油或称甘油三酯,它们是一分子甘油和三分子脂肪酸脱水结合而成的酯。

2. 油脂的分类

根据来源不同可分为植物油脂和动物油脂。

根据油脂的脂肪酸构成可分为高饱和脂肪酸油脂,如棕榈油、椰子油等;高不饱和脂肪酸油脂,如亚麻油、鱼油等。

3. 油脂及脂肪酸的命名

油脂命名一般采用其来源植物命名,如花生油、大豆油等。脂肪酸则采用俗名,如亚麻酸、棕榈酸等,或根据化学结构命名。

1.1.4.2　油脂的物理性质

1. 熔点

物质从固态转变为液态时的温度,称为该物质的熔点,反之从液态转变为固态时的温度,称为凝固点。因为天然油脂是各种酰基甘油的混合物,所以没有确定的熔点,而仅有一定的熔点范围。

2. 塑性

塑性是指在一定外力下，表观固体物质具有抗变形的能力。在室温下表现为固体的脂肪，实际上是固体脂和液体油的混合物，两者交织在一起，用一般的方法无法分开，这种油脂具有塑性，可保持一定的外形。

3. 同质多晶现象

同质多晶现象是指一种物质化学组成相同，在不同的结晶条件下形成不同结晶的现象，天然油脂一般都存在同质多晶现象。

1.1.4.3 油脂的化学性质

1. 油脂水解

油脂与水在加热、酸、碱及脂酶的作用下，可发生水解反应，生成游离脂肪酸和甘油。碱催化下的水解反应因为生成了高级脂肪酸钠盐或钾盐(肥皂)称为皂化反应。

2. 脂肪的氧化、影响因素及控制方法

油脂氧化的途径有自动氧化、光敏氧化和酶促氧化 3 种。其初级产物是氢过氧化物，氢过氧化物不稳定，易进一步发生分解和聚合。

脂肪酸组成、温度、光照、水分、氧气和金属离子等均可影响油脂的氧化速度。改变油脂储藏条件，控制影响因素则可减少氧化反应。

1.1.4.4 油脂的抗氧化剂

抗氧化剂能延缓和减慢油脂氧化速率，小剂量(一般<0.02%时)存在下就可以延缓油脂氧化。根据来源可分为天然抗氧化剂和合成抗氧化剂。

1.1.4.5 油脂的精炼

油脂精炼的方法可分为沉淀、碱炼中和(脱酸)、脱胶、吸附(脱色)、冷冻(脱蜡)、蒸馏(脱臭)等。

1.1.5 蛋白质

1.1.5.1 氨基酸的分类与性质

1. 氨基酸分类

组成食品蛋白质的氨基酸有 20 种左右。根据氨基酸分子中的氨基与羧基的数目，可将氨基酸分成以下几类：

(1)中性氨基酸　氨基数＝羧基数，甘氨酸 Gly、丙氨酸 Ala、缬氨酸 Val、亮氨酸 Leu、异亮氨酸 Ile。

(2)酸性氨基酸　氨基数＜羧基数，天门冬氨酸 Asp、谷氨酸 Glu。

(3)碱性氨基酸　氨基数＞羧基数，精氨酸 Arg、赖氨酸 Lys。

苏氨酸、缬氨酸、亮氨酸、异亮氨酸、赖氨酸、色氨酸、苯丙氨酸和蛋氨酸 8 种氨基酸为必需氨基酸。

2. 氨基酸的性质

氨基酸一般能溶于水，但不溶于非极性有机溶剂。氨基酸的熔点高，一般在 200～300℃。这说明在氨基酸的结构中具有带电荷的极性基团。实际上，所有的氨基酸都含有酸性的羧基，能电离成—COO^- 和 H^+；还含有碱性的氨基(或亚氨基)，它能接收质子，形成—NH_3^+，因此它们既有酸也有碱的性质。

3. 氨基酸的等电点

改变溶液的 pH，可以使氨基酸带正电荷，也可以使其不带电荷或带负电荷。如果氨基酸带的净电荷为零，那么它在电泳中就不会发生向正极或向负极移动的现象。在这种状态下，溶液的 pH 称为该氨基酸的等电点，用 pI 来表示。不同的氨基酸，其等电点也不同。也就是说，pI 是氨基酸的一个特征值。

1.1.5.2　蛋白质的概念

1. 蛋白质的定义

蛋白质是由氨基酸以酰胺键(肽键)连接成肽链，再由一条或多条肽链按各自特殊的方式组合成高分子化合物。根据参与形成蛋白质分子的氨基酸的种类、数目、排列次序、肽链数目及空间结构的不同蛋白质形成具有不同结构和功能。

2. 蛋白质的结构

蛋白质构象是指蛋白质分子中各原子的空间排布不同产生的空间结构。现已确认蛋白质的结构有不同的层次，可分为一级结构、二级结构、三级结构和四级结构。

3. 影响蛋白质结构稳定的作用力

影响蛋白质结构稳定的作用力包括两类：

蛋白质分子固有的作用力所形成的分子内相互作用，如范德华力相互作用和空间相互作用；受周围溶剂影响的分子内相互作用，如氢键、静电相互作用和疏水相互作用。

(1)空间相互作用　由于氨基酸残基侧链原子的空间位阻而使它们的转动受到很大的限制。多肽链的折叠必须避免键长和键角的变形。

(2)范德华力相互作用　这是蛋白质分子中中性原子之间偶极-诱导偶极和诱导偶极-诱导偶极相互作用,其作用力的大小取决于相互作用的原子间的距离。在蛋白质中,由于有许多原子对参与范德华力相互作用,因此它对于蛋白质的折叠和稳定性的贡献是显著的。

(3)氢键　蛋白质中有大量可能形成氢键的基团,如羟基、羰基、氨基、羧基等。常见的氢键有:酚羟基或羟基与链羧基之间形成的氢键;酚羟基或羟基与肽羰基之间形成的氢键;蛋白质分子链酰胺键之间形成的氢键。

(4)静电相互作用　蛋白质含有一些带有可离解基团的氨基酸残基。在中性pH,天门冬氨酸和谷氨酸残基带负电荷,而赖氨酸、精氨酸和组氨酸带正电荷。蛋白质分子中带相反电荷基团之间的吸引作用有助于蛋白质结构的稳定。

(5)疏水相互作用　驱动蛋白质折叠的主要力量来自于非极性基团的疏水相互作用。疏水相互作用对蛋白质结构的稳定性起到了重要的作用。

(6)二硫键　二硫键是天然存在于蛋白质中的唯一的共价侧链交联。它们既能存在于分子内也能存在于分子间。在单体蛋白质中二硫键的形成是蛋白质折叠的结果。

总之,一个独特的三维蛋白质结构的形成是各种排斥和吸引的非共价相互作用以及几个共价二硫键的结果。

1.1.5.3　蛋白质变性的机理及其影响因素

物理因素和化学因素影响蛋白质变性。

1.物理因素

(1)温度　当蛋白质溶液被逐渐加热并超过一个临界温度时,蛋白质发生变性,从天然状态转变至变性状态。在此转变中点的温度被称为熔化温度或变性温度。

(2)静水压　大多数蛋白质在100～1 200 MPa压力范围经受诱导变性。压力诱导蛋白质变性之所以能够发生,主要是因为蛋白质是柔性的和可压缩的。压力诱导的蛋白质变性是高度可逆的。高静水压已作为一种食品加工方法应用于食品杀菌或蛋白质的胶凝作用。高静水压200～1 000 MPa可以不可逆地破坏微生物的细胞膜和导致微生物的细胞器的离解,使微生物死亡。

(3)剪切作用　由振动、捏合、打擦等产生的机械剪切作用会导致蛋白质的变性。许多蛋白质当被剧烈搅动时产生变性和沉淀。

2.化学因素

(1)pH　蛋白质在它们的等电点时比在任何其他pH值时对变性作用更加稳

定。在中性 pH,大多数蛋白质带负电,而少数蛋白质带正电。蛋白质是稳定的,在极端 pH 值时,部分蛋白质内部的基团离子化产生的作用力造成多肽链的散开,从而使蛋白质变性。

(2)有机溶剂　有机溶剂以不同的方式影响蛋白质的疏水相互作用、氢键和静电相互作用的稳定性。特别在高浓度时,所有的有机溶剂都导致蛋白质变性,这是因为它们对非极性侧链的增溶作用。

(3)表面活性剂　表面活性剂,如十二烷基硫酸钠(SDS),能使大多数球状蛋白质变性。其诱导的蛋白质变性是不可逆的。

1.1.5.4　蛋白质的功能性质

蛋白质的功能性质(functionality)定义为在食品加工、保藏、制备和消费期间影响蛋白质在食品体系中性能的那些蛋白质的物理和化学性质。也有人认为,蛋白质功能性质反映出它在受到蛋白组成中其他共存成分(水、盐、糖、脂肪、风味物)影响下所具有的物理和化学性质。在食品中起着功能作用的蛋白质,称作功能蛋白质。如香肠的肌肉蛋白质,蛋糕的卵蛋白,豆腐的大豆蛋白质等。

1.水化性质

取决于蛋白质与水的相互作用。水吸收及水保留、湿润性、溶胀、黏着性和黏度等。

蛋白质的水合是通过蛋白质的肽键和氨基酸残基侧链基团与水分子间的相互作用而实现的。这些相互作用包括:

(1)水与蛋白质分子中具有形成氢键能力基团的相互作用。蛋白质多肽链上侧链基团羟基、氨基、羰基、酰胺基、亚氨基有两种可能方式和水分子作用。

(2)水与蛋白质中非极性基团(疏水性基团)的相互作用。

(3)氨基酸残基带电基团与水的离子-偶极相互作用。

蛋白质的许多功能特性都与蛋白质的溶解度有关,特别是食品中的增稠、起泡、乳化和胶凝作用等。不溶性蛋白质在食品中的应用非常有限。

2.蛋白质与蛋白质之间相互作用

蛋白质与蛋白质之间的相互作用可以产生蛋白质胶凝、形成网状结构、面团性能、组织化等。

变性蛋白质分子聚集形成蛋白质为骨架的三维持水网络结构,称为胶凝作用。胶凝时蛋白质与水作用和蛋白质与蛋白质相互作用达到平衡。凝胶形成的作用力一般有氢键作用、疏水作用和静电作用。

食品中的蛋白质胶凝作用形成了如肉冻、奶酪、豆腐等食品。

3. 表面性质

表面性质是指蛋白质的表面张力、乳化作用和泡沫特征。

蛋白质是两性分子，它们能自发地迁移至气-水界面或油-水界面，当达到平衡时，界面区域的蛋白质浓度总是高于水相的蛋白质浓度。蛋白质作为一类天然大分子物质，能够在界面上形成高黏弹性的薄膜，因此产生了由蛋白质稳定的泡沫和乳状液体系。典型的蛋白质泡沫如啤酒泡沫，典型的蛋白质乳状液如牛奶等食品。

1.1.6 维生素和矿物质

1.1.6.1 维生素

1. 维生素的定义与功能

维生素是食品中一类微量存在的为人体营养所必需的小分子营养物质。营养功能特点上，它们有的在体内起辅酶作用（如 B 族维生素），有的参与体内氧化还原体系的作用（如维生素 C 和胡萝卜素），有的在遗传调控中起作用（如维生素 A、维生素 D 等），有的在某些特定生理功能中发挥作用（如维生素 A、维生素 C 和维生素 K）。

2. 脂溶性维生素（维生素 A、维生素 D、维生素 E、维生素 K）

(1)维生素 A　维生素 A 是一系列具有类似生理活性的化合物之总称，包括视黄醇（retinol）及其衍生物视黄醛、视黄酸、视黄醇酯等。某些类胡萝卜素在体内可经过代谢转化为维生素 A，也称维生素 A 原。

维生素 A 和类胡萝卜素具有多个共轭双键结构，易发生自动氧化反应或双键的异构化失去活性。凡是促进脂类氧化的因素，如氧、氧化剂、自由基和过渡金属离子等都会加速维生素 A 的损失。加热、光照、酸性条件都可导致维生素 A 和胡萝卜素的异构化。

(2)维生素 D　维生素 D 为固醇衍生物。在胆钙化醇称为维生素 D_3，麦角钙化醇称为维生素 D_2。人体皮肤暴露于紫外线下时，由其前体 7-脱氢胆固醇经非酶异构反应，可以合成胆钙化醇。

维生素 D 在食品中主要因光照和氧化而受到破坏，在避光和无氧条件下损失不大。

(3)维生素 E　维生素 E 为一系列具有雌育酚类结构的物质，包括多种生育酚和生育三烯酚。异构体不同，维生素 E 的生物活性也有所不同。

维生素E易受分子氧和自由基的氧化，其氧化降解的影响因素与不饱和脂肪氧化的影响因素相似。

3. 水溶性维生素（维生素C、B族维生素）

（1）维生素C　维生素C是化学稳定性最低的维生素之一。其化学结构是*L*-抗坏血酸。维生素C具有较高的溶解性。由于其羟基上的氢易于解离，所以表现为酸性和还原性。

抗坏血酸对氧化十分敏感，光、射线和Cu^{2+}和Fe^{3+}等金属离子均会加速它的氧化，pH、氧浓度和水分活度等因素对反应速度影响也很大。

（2）B族维生素　B族维生素主要包括维生素B_1、维生素B_2、烟酸和维生素B_6等系列维生素。

维生素B_1又叫硫胺素，是一种容易降解的维生素。在酸性条件下，它对热和光比较稳定，但在中性和碱性条件下很不稳定。

维生素B_2又叫核黄素，核黄素在酸性条件下对热最为稳定，中性时稳定性下降，碱性条件下很快降解失去活性。

烟酸包括两种化合物：烟酸和烟酰胺，也称尼克酸和尼克酰胺。它们具有同样的生物学活性。在各种维生素中，烟酸化学性质最为稳定，光和热处理均不造成损失。在酸性或碱性条件下加热可以使烟酰胺转变成烟酸，但生物活性不受影响。

维生素B_6是吡哆醇、吡哆醛和吡哆胺的统称。维生素B_6的3种形式可在体内相互转化，因而具有同样的生物活性。维生素B_6在加工中可发生热降解和光化学降解，也可能与蛋白质发生不可逆结合而丧失活性。

4. 食品中维生素在加工过程中的损失

加工前处理对食品中维生素含量的影响：加工前处理与维生素的损失程度关系很大。在工业生产和家庭烹调中，水果和蔬菜往往要进行去皮、修整等加工前处理，而许多维生素在表皮或老叶中含量丰富，因而前处理后使原料的营养价值降低。水果加工中的碱液去皮法会破坏表皮附近的维生素，包括维生素C、硫胺素和叶酸。维生素C和B族维生素易溶于水，在清洗、盐水浸泡时，破损的动植物组织会发生流失。

精制加工对维生素的影响：在谷物中，维生素、矿物质和含赖氨酸较高的蛋白质集中分布在谷粒的外部并向胚乳内部逐渐降低。因而这些营养素的存留程度与加工方法和精度有密切关系，精制程度越高则损失越严重。

热烫和热加工造成的维生素损失：热烫处理可钝化对产品品质有不良影响的酶类，降低微生物的数量，因而是水果和蔬菜加工中的一个重要步骤。一些氧化酶被钝化有利于产品中维生素的保存，但热烫中维生素因氧化和溶水流失及热降解损失较大。

1.1.6.2 矿物质

矿物质通常指食物中除 C、H、O、N 之外的无机元素成分。与水分、蛋白质、脂类和碳水化合物相比，各种矿物质在食物中的含量很低，但与维生素相比，它们的总含量较高，在天然食品中，通常可达干物质的 1%以上。食物中的矿物质可包括 3 类：微量元素、常量元素和有毒有害元素。

1. 微量元素

微量元素是生命体正常代谢所需的营养成分，具有重要的营养作用，但过量时也可能产生毒副作用，如铁、锌、铜、碘等。

2. 常量元素

常量元素是每日需要量在几百毫克以上的矿物元素，如钠、钾、钙、镁等。

3. 有毒有害元素

有毒有害元素是在食品原料生产或加工环境中带入的对人体有害的元素，如铅、砷、汞、镉等。

4. 矿物质在食品加工中的变化

矿物质性质稳定，在加工中不会因光、热、氧等因素而分解，只能是由一种形式转为另一种形式，或由一个组分转移到另一个组分。这些变化会影响可食部分的矿物质含量和生物利用率的变化。

果蔬食品加工时因废弃外皮、老叶直接带来矿物质的损失。谷物的精制也会损失矿物质。加工时矿物质溶水是矿物质损失的最重要原因，如清洗、泡发、热烫等处理。

加工也可能使矿物质的含量增加。果蔬加工使用钙盐来增加组织的硬度，使产品中钙的含量提高；肉的腌制会增加钠的含量。食品加工中设备、食品加工用水和食品包装都可以为食品带来额外的矿物质。

1.1.7 食品中的色香味物质

1.1.7.1 食品色素

1. 食品天然色素

食品中的天然色素按照来源分为：植物色素，叶绿素、类胡萝卜素、花青素等；动物色素，如血红素等；微生物色素，如红曲色素等。含有这些色素的原料经过提取、纯化可以生产天然着色剂。

2. 食品着色剂及合成色素

我国目前准许使用的人工合成色素有：苋菜红、胭脂红、赤藓红、新红、柠檬黄、日落黄、靛蓝、亮蓝。

1.1.7.2　食品中的香味物质

1. 嗅感物质的来源

食品中的嗅感物质来源主要有：

(1)原料本身含有的风味成分。

(2)在食品加工过程中产生的风味物质，以及这些物质在后来的储存过程生成的风味成分。

(3)储藏中的某些物质由于微生物作用而生成的风味成分。

2. 典型的嗅感物质

如挥发性酯多带有果实香气；含硫化合物包括是葱姜蒜的主要成分；萜类化合物是重要的食品风味物质，它们在水果、蔬菜、调料及合成香料中多呈现出特殊的青香；杂环类化合物的香气种类复杂多样、气味强烈；肉制品及焙烤食品中的典型香气成分与杂环化合物有关。

3. 食品加工中香气物质的形成

食品加工中香气形成的途径主要有：酶的作用、Maillaral 反应、脂肪氧化降解和含硫氨基酸的分解。

1.1.7.3　食品中的呈味物质

1. 食品中的甜味物质

食品中的甜味物质可分为糖类和其他类。糖类包括糖、糖浆，其他类包括糖类衍生物(糖醇、三氯蔗糖、异麦芽酮糖等)、天然非糖甜味物(甘草精、甜叶菊苷等)、合成非糖甜味剂(二肽衍生物、糖精钠等)。

2. 食品中的酸味物质

酸味剂绝大多数是有机酸(醋酸、柠檬酸、苹果酸、乳酸等)，其他酸味剂有磷酸、葡萄糖酸内酯等。

3. 食品中的咸味物质

咸味剂在调味品当中占据很重要的地位。只有 NaCl 产生纯的咸味，此外，钾、钙和镁的有机酸盐，一些有机酸的胆碱盐以及鸟苷酸和次黄(嘌呤核)苷酸的钾盐等，也可用做盐的替代品。

4. 食品中的苦味物质

苦味物在食品中广泛存在，主要有生物碱类，如咖啡因；糖苷类，如苦杏仁苷等。

5. 食品中的鲜味剂

鲜味剂被分为两类：一类以谷氨酸-钠盐为代表的鲜味剂，这一类中还包括琥珀酸钠、天门冬酰氨酸钠、水解蛋白质产生的一些小肽；另一类以5′-肌苷酸钠为代表的鲜味剂，这一类中还包括5′-鸟苷酸钠、水解核酸产生的小分子混合物。

6. 食品中的辣味物质

辣味物被分为3类：一类不挥发，包括辣椒素、花椒酰胺，胡椒碱等；另一类具芳香气味，包括6-姜醇、丁香酚等；第三类具有刺鼻和催泪的性质，包括葱属植物中的烃基二硫醚、烃基二硫醚单亚砜和十字花科植物中的异硫氰酸酯等。

1.1.8 食品中的有毒有害成分

1.1.8.1 食品中的内源性有毒有害成分

1. 有害糖苷类

有害糖苷类是指植物及种子中存在的一类具有药理性能或有毒性能的各种糖苷类化合物。有害糖苷类主要存在于木薯、苦杏仁、菜豆、利马豆等作物中。

2. 凝集素

外源凝集素又称植物性血细胞凝集素，是一类可使红细胞凝集的非免疫来源的多价糖结合蛋白或蛋白质。例如，类凝集素仅存在于豆科作物中，它们对糖结合的专一性较宽。

1.1.8.2 食品中的外源性有毒有害成分

1. 食品中重金属元素

食品中由于环境污染而导致的重金属（主要为铅 Pb、砷 As、汞 Hg、镉 Cd）超标，长期食用会引起中毒。

2. 农药残留

有机氯、有机磷等农药有严格的使用范围和使用方法，在食品中有严格的残留量限值，若超标摄入会造成危害。

1.1.8.3　食品加工中产生的有害成分

1. 丙烯酰胺

丙烯酰胺为已知的致癌物，并能引起神经损伤。一些普通食品在经过煎、炸、烤等高温加工处理时也会产生丙烯酰胺，如油炸薯条、土豆片等含碳水化合物高的食物，经 120℃以上高温长时间油炸，在食品内检测出含有致癌可能性的丙烯酰胺。

2. 杂环胺

杂环胺是在食品加工、烹调过程中由于蛋白质、氨基酸热解产生的一类化合物。杂环胺的发现与人们对食品中具有致癌、致突变性物质的寻找有密切相关。

3. 苯并芘

烟熏烧烤类食品中含有一种叫做苯并芘的多环芳烃类有机物，这种物质正常情况下在食品中含量甚微，但经过烟熏或烧烤时，含量显著增加。苯并芘是目前世界上公认的强致癌、致畸、致突变物质之一。

1.2　食品分析

1.2.1　食品分析的概念

1.2.1.1　食品分析的定义与作用

食品分析是运用物理、化学、生物化学等学科的基本理论及各种科学技术，对食品工业生产中的原料、辅料、成品、半成品、副产品等主要成分及其含量和有关工艺参数进行检测的学科，以达到控制和管理生产、保障食品质量安全和开发新资源与新产品的目的。

1.2.1.2　食品分析的内容

1. 食品营养成分分析

主要包括构成食品营养特征的各种营养素，如水分、灰分、矿物元素、脂肪、碳水化合物、蛋白质与氨基酸、有机酸、维生素等。

2.食品添加剂分析

在食品生产中，为改善食品的感官性状；或为延长食品的货架期；或因加工工艺的需要，常加入一些辅助材料——食品添加剂。由于目前使用的食品添加剂大多为化学合成物质，有些对人体具有一定的毒性，国家对其使用范围及用量均做了严格的规定，必须对食品添加剂进行检测，这是食品分析中的一项重要内容。

3.食品中有害物质分析

主要是在食品生产、加工、包装、运输、储存、销售等环节中，产生、引入或污染的某些对人体有害的物质。包括有害元素、农药、细菌、真菌及其毒素、食品加工中形成的有害物质以及来自包装材料的有害物质等。

4.食品的感官检验

各种食品都具有各自的感官特征，除了色、香、味是所有食品共有的感官特征外，液体食品还有澄清、透明等指标，对固体、半固体食品还有软、硬、韧性、黏、滑、干燥等一切都为人体感官判断和接受的指标。

1.2.2 样品采集及预处理方法

1.2.2.1 样品的采集

在食品分析中，由于被检样品因品种、土壤、气候、栽培、收获、加工、储藏等情况各不相同，或同一材料不同部位含量也有差别。为保证分析的可靠性，使其引起的误差减少到最低限度，必须要掌握合理的采样。样品采集就是指从大量的分析对象中抽取有代表性的一部分样品作为分析材料的过程。不同形态的样品都有自己的采样方法。

1.2.2.2 样品的制备

是对上述采集的样品进一步粉碎、混匀、缩分，目的是保证样品完全均匀，取任何部分都具有代表性。

1.2.2.3 样品的保存

样品采集后应于当天分析，以防止其水分或挥发性物质的散失及待测组分含量的变化。如不能立即分析应妥善保存，其目的是防止样品发生受潮、挥发、风干、变质等现象。

1.2.2.4　样品的预处理方法

由于食品的组成十分复杂，其中的某些杂质或组分（如蛋白、脂肪、糖类等）对分析测定常产生干扰，使反应达不到预期的目的。因此，样品预处理就是在样品正式分析测定前将被测组分提取出来或将干扰成分去除的过程。样品处理时，可根据被测物理化性质以及食品的类型、特点，选用不同的方法。

1.溶剂提取法

在任一溶剂中，不同物质具有不同的溶解度，利用混合物中各组分在该溶剂中溶解度的差异，将混合物中的各组分分离。常用的方法有浸泡法、萃取法、沉淀法等。

2.有机物破坏法

食品中存在多种微量元素，有些是食品的止常成分，有些则是生产、运输或销售过程中污染引入的。这些金属离子常与食物中的蛋白质等有机物结合成为难溶或难解离的有机金属化合物，使离子检测难以进行。因此，测定前，必须将有机物破坏，使被测离子释放出来。常用的有机物破坏法有干灰化法和湿灰化法。

干灰化法是将样品在高温下灼烧，使有机物彻底氧化破坏，生成 CO_2 和 H_2O 逸出，而与有机物结合的金属离子游离出来。

湿灰化法是向样品中加入强氧化剂（如 H_2SO_4、HNO_3、H_2O_2 等）并加热消煮，使有机物氧化破坏的方法。

3.蒸馏法

利用液体试样中各被测组分挥发度的不同而使被测组分分离。常用方法有常压蒸馏、减压蒸馏等。

4.皂化法

在试样中加入氢氧化钾和乙醇溶液，在加热条件下回流。皂化的作用可以除去脂肪，而保留非皂化物，以测定非皂化物中存留的待测成分。

5.层析法

是一种在载体上进行物质分离的一系列方法的总称。其过程是由一种流动相带着被分离的物质流经固定相，由于各组分的性质差异，受到两相的作用力不同，从而以不同的速度移动，达到分离的目的。层析法是食品分析中常用的分离方法之一。常用的层析法有柱层析法和薄层层析法。

1.2.3　食品分析检验的一般方法

鉴于食品成分的复杂性，必须多种分析方法才能满足各类食品、不同组分的测定，如感官检验法、物理检验法、化学检验法、仪器分析法等。这些分析方法各具特点、适应性各异。因此，在对具体样品测定时，分析方法的选择就显得尤为重要。

食品分析所采用的分析方法主要有以下几种：

1.2.3.1 感官检验法

感官检验法通过人的感觉器官（眼、鼻、口、皮肤）所具有的视觉、嗅觉、味觉和触觉，对食品的色、香、味、形等质量特征和卫生状况作出判定和客观评价的方法。其目的是为了评价食品的可接受性和鉴别食品的质量。感官检验可分为差别检验法、类别检验法和描述性检验法等。

1.2.3.2 物理检验法

物理检验法通过对被测食品的某些物理性质如温度、密度、折射率、旋光度、黏度、浊度等的测定，可间接求出食品中某种成分的含量，进而判断被检食品的纯度和品质。是食品分析中常用的检测方法。

1.2.3.3 化学分析法

化学分析法是以物质的化学反应为基础的分析方法，它是当前食品卫生检验工作中应用较为广泛的方法之一，主要包括重量分析法和容量分析法两大类。

1. 重量分析

重量分析是将被测成分与样品中的其他成分分离，然后称定该成分的质量，计算出被测物质的含量。它是化学分析中最基本、最直接的定量方法。尽管操作麻烦、费时，但准确度较高。如水分、灰分、脂肪含量测定都是用的重量法。

2. 容量分析

容量分析也称滴定分析，它是将已知浓度的标准溶液由滴定管加到被检溶液中，直到所用试剂与被测物质的物质量相等为止。可借助指示剂的变色来观察终点。根据标准溶液的浓度和消耗体积，计算出被测物质的含量。

根据其反应性质不同，容量分析可分为酸碱中和滴定法、氧化还原滴定法、沉淀滴定法及配位滴定法 4 类。

3. 化学分析中标准溶液的配制及溶液浓度的表示方法

标准溶液是化学分析中用来直接定量测定待测组分含量的溶液，正确配制标准溶液对提高容量分析的准确度有重大意义。标准溶液的配制方法一般有直接法和间接法两种。

直接法：准确称取一定量的物质，溶解后在容量瓶中稀释到一定体积，然后算出该溶液的准确浓度。

间接法：粗略称取一定量物质或量取一定量体积溶液，配制成接近于所需浓度的溶液。这样配制的溶液，其准确浓度还是未知的，必须用基准物质或另一种物质的标准溶液来测定它们的准确浓度。这种确定浓度的操作称为标定。

用于标定标准溶液浓度的物质称为基准物质，标定不同的标准溶液所用的基准物质也不同。可参考相应分析化学书后的附录。

溶液的浓度通常是指在一定量的溶液中所含溶质的量。常用的表示方法有：

(1)B的物质的量浓度　是指B的物质的量(n_B)除以混合物的体积。以符号c_B表示，即$c_B = n_B/V$。浓度c_B的单位为mol/L。

(2)B的质量分数、B的质量浓度、B的体积分数　是指B的质量或体积与混合物质量或体积之比，分别以ω_B、ρ_B和φ_B表示。如$\omega_{(HCl)}=38\%$；$\rho_{(NH_4Cl)}=10$ g/L；$\varphi_{(C_2H_5OH)}=70\%$，而过去表示微量单位的ppm、ppb、ppt现已废除。

(3)比例浓度　包括容量比浓度与质量比浓度。容量比浓度是指液体相互混合时的表示方法，可用($V+V$)或($V:V$)表示，若未指明何种试剂时混合时，则第一个数字表示试剂的体积，第二个数字表示水的体积。

1.2.3.4　仪器分析法

借助特殊的仪器，通过测量试样液的光学性质或电化学性质，从而求出被测组分的含量。常用的方法有紫外-可见分光光度法、原子吸收光谱法、荧光分析法、气相色谱法、高效液相色谱法等。

1.2.3.5　酶分析法

此法是利用酶的反应进行物质定性、定量的方法。酶具有高效和专一的优点，克服了用化学分析时共存成分的干扰。酶法分析条件温和，结果准确，已应用食品中有机酸、糖类和维生素的测定。

1.2.4　食品中一般成分的检验

1.2.4.1　水分的测定

水分测定常分为直接法和间接法两大类。直接法是利用水分本身的物理、化学性质来测定水分的方法，包括干燥法、蒸馏法和卡尔·费舍尔法等；间接法是利用食品的相对密度、折射率、电导、介电常数等物理性质测定水分的方法。

干燥法测定水分是将样品在一定条件下加热干燥，使其中水分蒸发，以样品在蒸发前后减少的质量来计算水分含量的一类测定方法。

1.2.4.2　灰分的测定

食品经灼烧后的残留物称为灰分。灰分是食品中无机成分总量的标志。灰分测定包括总灰分、水溶性灰分、水不溶性灰分、酸不溶性灰分等。

总灰分测定是将一定量的样品经炭化后放入高温炉内灼烧，有机物被氧化分解，以二氧化碳、氮氧化物和水等形式逸出，无机物则残留下来，这些残留物即为灰分。对残留物进行称量即可检出样品中总灰分的含量。

1.2.4.3　总酸度的测定

通过中和滴定，用标准碱液测定浅色食品中总酸度的含量，以酚酞为指示剂，滴定至溶液呈淡红色，30 s 不退为终点。根据消耗标准碱液的浓度和体积，计算出样品中酸含量。

1.2.4.4　粗脂肪的测定

常用的方法为索氏提取法，适用于脂类含量较高、含结合态脂肪较少、能烘干磨细、不易吸潮结块的样品测定。

该方法的原理是将样品干燥、磨碎，用无水乙醚或石油醚等溶剂进行提取，使样品中的脂肪进入溶剂中，回收溶剂，最后称取所得的残留物，其占样品总质量的百分比即为粗脂肪含量。

1.2.4.5　碳水化合物的测定

1.还原糖的测定

含有醛基或酮基的糖，在碱性条件下可转变成非常活泼的烯二醇结构，被弱氧化剂氧化生成相应的糖酸，所以这类糖具有一定的还原性。应用含有碱性弱氧化剂的菲林试剂可以测定食品中的还原糖含量。

样品经除去蛋白质后，在加热条件下，直接滴定已标定过的菲林试剂，菲林试剂被还原析出氧化亚铜后，过量的还原糖立即将指示剂次甲基蓝还原，使蓝色退去。根据样品消耗体积可计算出还原糖含量。

2.淀粉的测定

酶水解测定淀粉的原理是样品经除去脂肪和可溶性糖后，其中淀粉用淀粉酶水解成双糖，再用盐酸将双糖水解成单糖，再按测定还原糖的方法进行定量测定，并折算成淀粉含量。

1.2.4.6　蛋白质的测定

蛋白质的测定主要有紫外法、比色法、凯氏定氮法、仪器法等多种方法，凯氏定氮法是测定食品中粗蛋白的常用方法。

蛋白质是含氮的有机化合物。食品与浓硫酸和催化剂一同加热消化，使蛋白质分解，产生的氨与硫酸结合生产硫酸铵。然后碱化蒸馏使氨游离，用过量的硼酸吸收后再以盐酸标准溶液滴定，根据酸的消耗量乘以换算系数，即为蛋白质含量。换算系数因食品的种类而不同，一般为6.25。

1.2.4.7　维生素的测定

食品中维生素种类繁多，测定方法也各不相同。

1.脂溶性维生素的测定

脂溶性维生素包括维生素A、维生素D、维生素E和维生素K，其中维生素A的测定方法有三氯化锑比色法、紫外分光光度法、荧光法和高效液相色谱法等。

三氯化锑比色法的原理是维生素A在三氯甲烷中与三氯化锑相互作用，产生蓝色物质，其深浅与溶液中所含维生素A的含量成正比。该蓝色物质虽不稳定，但在一定时间内可用分光光度计于620 nm波长处测定其吸光度值，并于标准曲线上查出维生素A的含量。

2.水溶性维生素的测定

主要的水溶性维生素测定方法为：硫胺素、核黄素以荧光法测定为主；抗坏血酸主要有荧光法、2,4-二硝基苯肼比色法和高效液相色谱法；而烟酸、叶酸则以微生物法为多。

1.2.4.8　矿物元素的测定

食品中的矿物元素通过干灰化或湿灰化的方法，将有机物分解成无机物后，根据其性质和含量的不同，可用比色法、滴定法或原子吸收法、原子荧光法等进行测定。

1.2.5　分析结果的表示与数据处理

1.2.5.1　有效数字

有效数字就是可靠数字与可疑数字之和。有效数字不仅表示数量的多少，也反映了测定的准确度。修约规则按“四舍六入五留双”的原则进行。修约数字时，只允许对原测量值一次修约到所需要的位数，不能分次修约。在有效数字的计算中，应遵循四则运算的规则。

1. 加减法

当几个数相加或相减时，它们的和或差，小数点后位数的保留，应依小数点后位数最少的数字为依据。

2. 乘除法

在乘除法中，各因子所保留的位数，以参加运算各数中有效数字最少的为依据。

1.2.5.2　误差、准确度与精密度

准确度是指分析结果与真值的接近程度。准确度的高低用误差来衡量。误差是指测定结果与真值之间的差值。差值越小，误差越小，准确度越高。误差可分为绝对误差和相对误差。精密度就是几次平行测定结果相互接近的程度。精密度的高低用偏差来衡量。偏差是指个别测定结果与几次测定结果的平均值之间的差别，分为绝对偏差与相对偏差。

准确度表示测定结果与真值符合的程度，而精密度是表示测定结果的重现性。由于被测结果的真值是不知道的，因此，常根据测定结果的精密度来衡量分析工作的质量。精密度差，所得结果是不可靠的，但高的精密度也不一定能保证高的准确度。

1.2.6　各种食物成分结果的表述

检测结果的表示应采用法定计量单位并尽量与食品卫生标准一致。一般有以下表示方法：

1. 固体物质

固体试样中待测组分的含量，一般以质量分数表示，在实际工作中通常使用的百分比符号“%”，是质量分数的一种表示方法，即表示每百克样品中所含被测物质的克数。

当待测组分含量很低时，可采用 mg/kg、μg/kg 或 ng/kg 来表示。

2. 液体物质

其结果常以质量浓度表示，即表示单位体积中某种物质的质量，以 g/L、mg/L、μg/L 或 μg/mL 等表示。

有时，试样测定值的单位，也常以每 100 克或每 100 毫升试样中所含的 g、mg、μg、IU 或 μgRE 来表示“营养素”的量；“能量”的表示单位用每 100 克试样中含的 kJ(千焦)来表示。

食品化学复习题

一、填空题

1. 水具有高的熔点、沸点、表面张力及相变热的原因是________。

2. 食品中水的存在形式有__________、__________、__________，其中邻近水的特点是__________、__________、__________。

3. 食品的水分活度是指________________，在一定温度下水分活度与__________间的关系曲线称为吸湿等温曲线。

4. 食品中微生物生长和化学反应性与水分关系的最佳表达指标是__________。

5. Maillard反应的第一步是________________反应，发生这个反应必须存在的两个底物是________________。

6. 在食品加工中采用酶法制备果葡糖浆，其方法是首先用__________酶水解淀粉为糊精，再用葡萄糖淀粉酶将糊精水解为________________，最后用__________酶处理得到果葡糖浆。

7. 使水果和蔬菜保持硬质结构的多糖是__________，其化学结构是__________。

8. Maillard反应最终生成__________物质，由于反应中__________的消耗，会引起营养价值的降低。

9. Maillard反应是食品体系中的常见的反应，反应物必须包括__________和__________，反应最终生成的有色物质是__________，由于反应中__________的消耗，会引起营养价值的降低。

10. 含淀粉食品产生老化是因为________________。

11. 按甜度大小排列葡萄糖、乳糖、麦芽糖、果糖和蔗糖：________________。

12. 油酸、亚油酸、亚麻酸的自动氧化速度是____________，其原因是__________。

13. 油脂的熔点与__________有关，通过__________反应，可以提高油脂的熔点，这类油脂的用途是________________。

14. 油脂加热后黏度增加是因为________________。

15. 对蛋白质加热处理的时会发生蛋白质变性反应，使消化率__________蛋白质营养价值__________。

16.蛋白质的功能性质主要有________、________和________，其中蛋白质的溶解度与________功能性质有关，乳化性质与________功能性质有关。

17.食品中的________称为维生素A源，维生素A由于具有________化学结构，因而易受________的影响而降低活性，并且________溶于有机溶剂。

18.食品中的常量矿物质有________、________、________、________、________，微量矿物质有________、________、________、________、________、________。

19.硫胺素的稳定性与pH值有关。pH值为________时最稳定；随着pH值的________，其稳定性降低。

20.亚硝酸盐在腌渍过程中转变为一氧化氮，与肉类中的________作用结合形成________，不用亚硝酸盐处理的肉将生成________变为棕褐色。

21.合成的食品色素有________、________、________、________、________，天然的食品色素有________、________、________、________、________。（各举5例）

22.食品中的咸味物质有________，鲜味物质有________。

23.食品的营养素有________、________、________、________、________、________，其中________、________、________成分是不提供能量的。

24.食品中的有害重金属主要指________、________、________、________物质。

25.食品加工可能产生的有害物质是________、________、________。

二、名词解释

1.水分活度　2.等温吸湿线　3.过冷现象　4.淀粉糊化
5.改性淀粉　6.同质多晶现象　7.蛋白质凝胶　8.蛋白质的变性作用
9.B族维生素　10.蛋白质功能性质

三、简答题

1.简述食品工业采用食品冻结保藏的利与弊。

2.束缚水和自由水有哪些主要的性质区别？

3.以食品加工和储藏中发生的Maillard反应为例，讨论Maillard反应的利与弊。

4.果胶主要由半乳糖及半乳糖醛酸酯组成，当酯化度低于50%时需加入Ca^{2+}

形成凝胶,酯化度高于50%时需加糖形成凝胶,请解释原因。

5. 制作果脯时蔗糖浓度要达到65%才能长期保存,那么制造低糖果脯可以采取什么方法来保质?

6. 结合油脂氧化的机理,讨论油脂自动氧化的影响因素及预防措施。

7. 制造油炸食品时,需要注意哪些环节来保证产品质量?提出自己的看法。

8. 面包的制造中利用了蛋白质的哪些功能性质?

9. 蛋白质在食品加工中有何主要功能性质(5个以上)?

10. 食品加工中维生素和矿物质损失的主要原因有哪些?

11. 食品中影响维生素C稳定性的因素有哪些?

12. 简述在食品加工中使用色素的利与弊。

13. 简述食品中的天然色素的分类。

14. 简述食品中的嗅感物质来源主要有哪几种。

15. 根据食品安全实例,讨论食品中有毒有害物质的产生原因与控制手段。

食品分析复习题

一、填空题

1. 在食品检验的方法中,有许多是采用国际标准的方法,其中AOAC,即中文名称为__________,所制定的方法是最通用的方法之一。

2. 样品按照时间或空间的变化规律进行采样的方式称为__________,主要用于检测食品的__________。

3. 用强酸或强氧化剂进行样品前处理使其分解成无机物分方法称为__________。

4. 在还原糖的测定中,一般采用__________溶剂提取糖,而对于含淀粉高的样品,一般采用__________提取。

5. 荧光分光光度法与紫外可见分光光度法相比,其最大优点是__________和__________。

6. 索氏提取法是__________态类食品中脂肪公认的测定方法,对样品的基本要求是__________。

7. 利用待测物中各组分在溶剂中溶解度的差异,将混合物中的各组分分离的方法被称作__________。

8. 曲线拟合是描述两个变量之间关系并对其进行评价的一个常用术语,其中标准曲线常用来确定__________与__________之间的一一对应关系,而数据与直线的符合程度常用________来表示，它通常是________位有效数字。

9.某一特定的检测方法在给定的置信水平内可以从样品中检测到的物质的________被称为该方法的检出限。

10.通常把具有高稳定性，并具备一定的化学计量特征，用来检验分析方法准确性的物质称作________。

11.数据 0.012 1×25.64×1.065 1×11.015×10.225，其最终的有效数字为________位。

12.容量分析可分为________、________、________和________4 种类型。

13.溶液的浓度通常是指________，常用的表示方法有________、________和________。

14.酶分析法是利用酶的反应进行物质定性、定量的方法。酶具有________和________的优点。

15.水分测定常分为________和________两种类型。

16.测定还原糖所用的方法一般采用________法，其中的指示剂叫________。

17.维生素 A 的测定方法主要有________、________和________。

18.有效数字的修约原则是________。

19.固体试样中待测组分的含量，一般以质量分数表示，通常使用的符号是________。

20.样品制备的目的是________。

二、名字解释

1.采样	2.随机抽样	3.湿灰化法	4.层析法	5.磺化法
6.有机物破坏法	7.标准溶液	8.标定	9.基准物质	10.有效数字
11.准确度	12.精密度	13.比色法	14.灰分	15.仪器分析法

三、简答题

1.分析方法的好坏直接关系到检测结果的准确性，请问如何判断分析方法的准确度？

2.用直接滴定法测定还原糖含量时，正确的判断滴定终点对检测结果是很重要的，请问如何才能准确地把握滴定终点？

3.简述食品分析主要包括哪些内容。

4.简述样品采集的意义和方法。

5.样品预处理的目的和意义是什么？

6. 请比较干灰化法与湿灰化法的主要优缺点。

7. 简述层析法的分离原理。

8. 简述蒸馏法测定水分的原理及适用范围。

9. 用凯氏定氮法测定蛋白质时，要准确测定其含量需要注意哪些问题？

10. 测定总灰分时，应如何加速灰化的速度？

11. 简述酶法测定淀粉的原理及关键点。

12. 举例说明谷物样品、饮料样品、果蔬样品应如何采样。

13. 维生素 A 的测定方法有哪些，如何保证测定的有效性？（至少 2 种方法）

14. 适合于配位滴定法的反应必须具备哪些条件？

第2部分　食品安全质量控制体系

2.1 绪论

2.1.1 食品质量和食品安全的概念

食品质量是指产品在卫生方面至少满足国家标准;在生产加工环节保证各质量属性;给客户提供满意的服务。

食品安全是指按照预期的方法加工和/或食用食品时,确保其不会对消费者构成任何危害。

2.1.2 食源性疾病、污染物和食品安全危害分类

食源性疾病是由摄取食物而进入人体的介质所引起的感染性或中毒性疾病。

食品污染物指非有意添加到食品中,会危及食品的安全性或适用性的任何生物物质、化学试剂、外来异物或其他物质。

食品安全危害可分为3类:生物危害、化学危害和物理危害。

生物危害包括能导致食源性疾病的致病菌、病毒和寄生虫,以及近年来发生的疯牛病病毒等。

化学危害是指农产品中使用的农用化学品、清洁剂残留、天然毒素和致过敏性物质给消费者身体带来的危害。

物理危害是指食品中的可对人体构成伤害的异物,即任何可引起人体伤害的尖利物、任何可造成牙齿损坏的硬物和任何可堵塞气管使人窒息之物。外来异物

包括：害虫、污物、珠宝、金属片(块针)、木头、塑料、玻璃等。

2.1.3 食品安全质量控制体系的研究对象、内容和手段

食品安全质量控制体系的研究对象是植物性和动物性食品；研究内容是如何通过产品配方、加工过程和服务等环节保证其安全性；食品安全质量控制体系重点关注以 HACCP 为核心的食品安全保证体系的建立。

2.1.4 食品供应链的概念

从农场到消费者餐桌的食品供应链包括农产品原料种植、养殖过程；各环节之间的运输储藏；就地初加工、深加工、批发零售，直至消费者餐桌等；一套完善的食品安全质量控制体系才能保证食品供应链每个环节的安全。如果食品供应链中任何一个环节出错，导致食品安全危害处于非受控状态，将会带来食品安全问题，并有可能随食品供应链而加重；因此在加工过程的每一步实施管理措施并在整个供应链中采用预防措施都是非常重要的。

2.2 HACCP 体系基础知识

2.2.1 HACCP 体系的概念及其来历

HACCP(hazard analysis and critical control points)是危害分析和关键控制点体系的英文首字母缩写。HACCP 的概念是基于认可的原理，以体系的方法进行食品安全管理，目的是识别食品供应链任何环节有可能发生的食品安全危害，包括生物危害、化学危害和物理危害，并对其进行控制以防止危害的发生。

HACCP 概念起源于 20 世纪 60 年代早期，由美国皮尔斯伯利(Pillsbury)公司、美国国家航空航天管理局(NASA，The National Aeronautic and Space Administration)及美国陆军实验室共同开发。HACCP 体系早期用于美国载人航天项目的食品微生物安全控制，目的是使航天过程中宇航员食物中毒爆发的危险降到最低限度，确保宇航食品安全，这是一种实用且具预防性的方法，它给食品安全提供

了高水平的保证。

2.2.2 建立实施 HACCP 体系的组织

HACCP 的应用从原辅料生产到最终消费者可贯穿于整个食品供应链，也可用于像初级包装这样的非食品生产中。

1. 原料生产者

包括畜禽饲养者，谷物、果蔬种植者。HACCP 在这些生产中的应用正在逐渐增加。

2. 食品加工者

食品加工分为初加工和深加工，初加工包括畜禽屠宰、乳品加工、制糖和炼油等，他们把农场的原料加工成能够再次进行深加工利用的原料。食品深加工是终产品的制造和包装食品生产。

3. 公共餐饮服务业者

这是一个非常容易发生食品安全问题的领域，因为在十分有限的区域内许多操作常常同时进行，有大量需要处理的原材料，短时间内的工作压力大，以及员工的流动性大。

4. 零售商

在零售环节典型的管理措施为适当的温度控制和防止交叉污染。

5. 消费者

这是一个比较难以控制的领域，作为消费者，他们不可能像食品加工业的职工那样都受过有关食品安全方面的教育和培训，公共餐饮业对食品的加工烹饪与家庭厨房相似，研究表明，家庭厨房应用 HACCP 技术同样能取得很好的效果。

2.2.3 ISO 22000:2005 食品安全管理体系

ISO 22000:2005《食品安全管理体系 食品链中各类组织的要求》是 2005 年由国际标准化组织（ISO）颁布的标准，其文本构架与 ISO 9001:2000 和 ISO 14001:1996 标准一致，内容覆盖了 CAC 关于 HACCP 体系的全部要求，并更加关注对体系有效性的验证，以保证体系不断改进。ISO 22000 是可进行审核（内审、二审和三审）的标准，是自愿执行的国际标准，它提供了一个关于 HACCP 概念的国际交流平台，其目的是让食品供应链中的各类组织执行食品安全管理体系。

ISO 22000:2005 标准涉及的食品行业范围更广，包括：饲料生产、食品初级生产、食品制造、食品或原料的运输和仓储，商业上的转包、零售和食品服务领域，以及用于食品加工的设备、包装材料生产、清洗、食品添加剂和配料生产等。可以说ISO 22000:2005标准适合所有食品加工企业的共性要求，并进一步确定了HACCP在食品安全管理体系中的作用。

中国企业采用ISO 22000:2005标准可以获得以下益处：

(1)可借助该平台与贸易伙伴进行有组织的、有针对性的沟通。

(2)在组织内部及食品供应链中实现资源利用最优化。

(3)改善文献资源管理。

(4)加强计划性，减少过程后的检验。

(5)更加有效和动态地进行食品安全风险控制。

(6)所有的控制措施都将进行风险分析。

(7)对必备方案进行系统化管理。

(8)由于关注最终结果，该标准适用范围广泛。

(9)可以作为决策的有效依据。

(10)充分提高勤奋度。

(11)集中资源对必要问题控制。

(12)通过减少冗余的系统审计而节约资源。

2.3 建立HACCP体系的条件与前提方案

2.3.1 一般管理规范

一般管理规范是企业日复一日的事务性管理工作，它对保证HACCP高效实施是非常重要的，包括管理承诺、领导、项目管理、绘制流程图、数据分析与管理、解决方案、审核、记录保持与文件管理等。

1.管理承诺

企业承担的任何项目都需要管理承诺，这是项目成功的动力。如果管理小组充分了解HACCP体系所涉及的所有内容——应用理由、预期效果、包含内容、实施时间、需要费用、对企业其他方面可能产生的影响(如改进GMP)等，就会实现对实施HACCP体系所做的真正承诺。

2. 领导

HACCP 工作组将领导 HACCP 体系的建立和实施过程。领导能力不仅关系到企业内部高层管理，而且还与 HACCP 工作组本身有关。

3. 项目管理

在一个企业中纳入 HACCP 体系，这是个重要项目并同样需要管理，特别是在联合企业，项目管理所涉及的工作都应考虑在内。

4. 绘制流程图

这是一种直观了解指定过程的系统方法。绘制流程图是 HACCP 工作组着手做的先期工作之一，在开始危害分析之前首先要绘制出产品加工流程图。

5. 数据分析与管理

用于对 HACCP 计划的验证，审核关键控制点（CCP）的记录，分析消费者投诉。

6. 解决方案

它包含各种技术，如确定“预期未来状态”，分析防止或加速到达目的地的驱动力和抑制力。解决方案也包括“因果”分析——用于促进与所有有关人士进行的集体讨论。

7. 审核

审核是 HACCP 体系验证中的一个关键行为，常用于监测已成文件的 HACCP 计划的执行情况。

8. 记录保存与文件管理

记录保存与文件管理和 HACCP 原理中建立文件记录档案是同样的管理行为。

2.3.2 质量管理体系

质量管理体系是指目前企业普遍采纳的 ISO 9000 系列标准体系的认证。质量保证体系一贯坚持的主要目标是确保客户的需求，无论 HACCP 还是质量管理体系，它们的目的都是预防质量的非一致性，重点都放在如果产品质量出现偏差，要有效纠正，并使其在第一时间恢复正常。

质量控制点和食品安全关键控制点的区别：任何食品加工过程都有许多控制步骤，其中某些步骤对食品安全来说至关重要，其他步骤主要控制产品质量和合法性，这些称为加工过程的控制点（CP）。关键控制点（CCP）是食品加工操作中食品安全危害必须受到控制的步骤。在某 CCP 实施监控对产品安全是必要的，但 CCP 本身并不能实现控制，而是在 CCP 为控制危害所采取的行动。

2.3.3 HACCP 体系的前提方案——GMP 和 SSOP

HACCP 体系的前提方案是指良好生产规范（GMP）和卫生标准操作程序（SSOP）。

2.3.3.1 良好生产规范（GMP）

GMP 是为保证食品安全和质量而制定的贯穿食品加工过程的一系列措施、方法和技术要求。GMP 是政府对食品生产、包装、储存卫生制定的法规，是发达国家已普遍采用的关于食品生产的先进管理体系和成功经验，是保证食品卫生质量的关键。为确保终产品的质量符合标准，GMP 要求食品生产企业应具备：良好的生产设备、合理的生产过程、完善的质量管理、严格的检测系统。

GMP 包括对工作人员的要求、厂房的设计与设施、原料与成品的储存和运输、生产过程、品质管理、卫生管理 6 个方面。

1. 人员

指机构的设置，人员的资格，以及开展的教育培训计划等。

2. 建筑设计与设施

包括厂址选择，环境卫生，生产区与生活区布局；厂房及车间配置，厂房建筑，地面与排水，屋顶及天花板，墙壁与门窗，采光和足够的照明条件，空气质量和通风设施，供水设施，污水排放设施、废弃物处理设施，提供洗手设施和卫生间等。

3. 原料与成品储存、运输

原料的采购、运输、购进、储存；半成品和成品的储存和运输等要求。

4. 生产过程

指生产操作规程的制定与执行，原、辅料处理，生产作业的卫生要求等。

5. 品质管理

主要包括：质量管理手册的制定与执行；材料的品质管理；专业检验设备管理；加工中的品质管理；包装材料和标志的管理；成品的品质管理；储存、运输的管理；售后意见处理及成品回收，以及记录的处理程序等。

6. 卫生管理

包括卫生制度，环境卫生，厂房卫生，生产设备卫生，辅助设施卫生，人员卫生及健康管理，虫害防治等。

2.3.3.2 卫生标准操作程序(SSOP)

卫生标准操作程序(sanitation standard operating procedure，SSOP)是食品生产企业为了保证达到良好操作规范(GMP)所规定的卫生要求，保证加工过程中消除不良人为因素，使其所加工的食品符合卫生要求而制定的指导食品生产加工过程中如何实施清洗、消毒和卫生保持的作业指导文件。为了控制食品加工源头的安全，农产品初加工也应参考执行，以提高产品安全质量水平。

为确保食品在良好卫生状态下加工，SSOP 包括 8 项内容：

(1)与食品接触面接触的水(冰)的安全。

(2)食品接触面(包括设备、手套、工作服)的清洁。

(3)防止发生交叉污染。

(4)手的清洗与消毒，厕所设施的维护与卫生保持。

(5)防止食品被污染物污染。

(6)有毒化学品的标记、储存和使用。

(7)雇员的健康与卫生控制。

(8)虫害防治。

SSOP 适用于对所有种类食品的零售、批发、仓储和生产操作的管理。

2.3.3.3 HACCP 体系与 GMP、SSOP 的关系

GMP 和 HACCP 都是相对独立的体系，各从不同方面规范了食品安全质量的管理，但它们又各有侧重，有所区别，GMP 作为法规要求对食品加工安全卫生的方方面面，以及工艺质量都进行控制，而 HACCP 只针对某一环节的安全性加以控制。一般来说，涉及产品本身或某一加工工艺、步骤的显著危害由关键控制点(CCP)来控制。有些危害(如微生物危害)可能由 GMP 和 HACCP 共同控制，GMP 将有效控制或削弱这些危害，并最终由 HACCP 防止、消除或降低至可接受的水平。

总之，GMP 是基础、依据和指南，是食品安全卫生管理的通用要求，HACCP 如果脱离了 GMP，就会造成形成过多关键控制点的情况。GMP 通常与 SSOP 的程序和工作指导书密切关联，GMP 是明确的总规范和要求，SSOP 支持 GMP，SSOP 必须形成文件，而对 GMP 没有要求。

2.3.4 食品配方与食品安全

原料和产品配方是影响食品安全的内在因素，主要是指能影响微生物生长的食品成分、pH 或酸度、防腐剂、水分活度(α_w)和食品配料。

2.3.4.1 pH 或酸度

酸度在食品保藏中是最重要的因素之一，它能防止食物中毒和食品腐败微生物的生长。

酸度本身也是确定产品感官特性的因素，pH 值测定在评价食品安全方面是比较重要的因素，因为微生物的生长和存活通常取决于一定的 pH 值范围。大部分微生物生长的最佳 pH 范围为中性(pH 7)左右，但是也有许多微生物可在 pH 4～8 范围内生长。少数细菌可在 pH＜4 或 pH＞8 生长。通常那些能在 pH＜4 的酸度条件下生长的细菌与食物中毒无关，但它们的生长会使 pH 值提高至一定程度而使致病菌能够生长，在 HACCP 研究过程中必需考虑到这些关系。酵母与真菌会在 pH 值低于 4 的范围生长。某些微生物可在其 pH 生长范围以外存活。

2.3.4.2 防腐剂

食品中可加入化学防腐剂以控制微生物的生长，在法定范围内，防腐剂被广泛用于许多产品。例如腌渍肉制品中的亚硝酸盐；面包与糕点中的山梨酸盐；饮料中的偏酸式亚硫酸盐等。

用传统方法制作的烟熏食品保藏也因其对微生物生长的抑制而能起到防腐剂的作用，这归因于熏烟中存在的某些化合物。

2.3.4.3 水分活度

水分活度(α_w)是对食品中微生物生长和化学反应可利用水分的测量。微生物生长需要水分，如果食品中的水分不可利用，就能抑制微生物的生长。以下措施可达到该目的：

(1)在食品中加入溶质，例如糖和盐。糖能抑制微生物的生长是因为水分活度和渗透压降低，例如果酱生产；盐能降低水分活度且干扰微生物细胞的生物化学过程，例如干腌肉制品。

(2)脱水或用干燥法除去食品中的水分，例如将牛奶加工成奶粉。

2.3.4.4 配料

应该分别评价配料的内在特性,以及评价配料之间的相互作用。精确测定配料量,考虑配料自身以及配料混合之后与任何危害的相关性。致过敏性配料,例如坚果,要细心处理控制,并单独储存和加工以减少与其他物料交叉污染的机会。

2.3.5 食品加工技术环节与食品安全

用于食品生产的加工技术对其安全性有不同影响,因此有必要认真对待HACCP研究中的每项加工技术。

热加工:如果没有适当的控制,加热和冷却会导致生物危害发生。

冷冻过程:在允许的时间范围内,食品冷冻前保持的状态和冷冻时间的长短对微生物菌群增长有显著的影响,如果所消费的食品无需任何进一步加工或加热,交叉污染的风险很大。

发酵加工:控制培养系统并准确确认其他微生物的生长繁殖。

辐照:在辐照加工前,食品处理违反操作规程会导致毒素的产生,这些毒素不会因为辐照加工而被消除掉。

包装系统:对产品安全有影响。这在无菌包装和罐藏食品加工中特别重要。例如,如果罐头密封安全,热加工低酸性罐藏食品将是安全的。

2.4 HACCP 体系原理与应用

2.4.1 HACCP 体系七项基本原理的内容

由食品法典(Codex Alimentarius 1997b)和美国国家食品微生物标准咨询委员会(NACMCF (USA)1997)公布的HACCP由以下7项原理组成:

原理一　进行危害分析

原理二　确定关键控制点(CCP)

原理三　确定关键控制点(CCP)的关键限值

原理四　建立关键控制点(CCP)的监控体系

原理五 当监控显示某个 CCP 失控时，建立所要采取的纠偏行动

原理六 建立验证程序以确定 HACCP 体系正在有效运行

原理七 建立档案文件，记录所有对应于 HACCP 原理及应用的过程

2.4.2 HACCP 体系所涉及的术语和定义

关键控制点判断树(CCP decision tree) 是在每个加工步骤对每种危害按逻辑顺序提问，对这些问题的回答指引 HACCP 工作组做出哪些加工步骤是关键控制点(CCPs)的决定。

纠偏行动(corrective action) 是当监控表明某关键控制点(CCP)失控时所采取的行动。

关键控制点(critical control point，CCP) 是有必要应用控制措施预防或消除食品安全危害或将其降低到可接受水平的加工步骤。

关键限值(critical limit) 是区分可接受性与不可接受性的标准。

HACCP 控制表(HACCP control chart) 是针对每个关键控制点(CCP)的控制标准(例如:关键限值、监控程序、纠偏措施)和预防措施详细设计的模板或表格，是 HACCP 计划的一部分。

HACCP 计划(HACCP plan) 是根据 HACCP 原理制定的文件，当考虑食品供应链的安全问题时，确保对显著性危害进行控制。

HACCP 研究(HACCP study) 是为整理 HACCP 计划，在 HACCP 工作组成员之间进行的一系列会议和讨论。

HACCP 体系(IIACCP system) 是实施 HACCP 计划的成果。

HACCP 工作组(HACCP team) 是负责建立 HACCP 计划涉及多学科的一组人员。

危害(hazard) 是指食品中的生物、化学或物理因素或食品状态具有潜在导致不利人体健康的影响。

危害分析(hazard analysis) 是收集和评估关于危害和导致其存在的环境信息的过程，以确定哪些对食品安全影响显著，而应该列入 HACCP 计划。

危害分析表(hazard analysis chart) 是 HACCP 工作组在应用 HACCP 原理一时所使用的工作文件，即列举出了各种危害并描述控制危害的措施。

监控(monitor) 是有计划地对控制参数进行顺序观测或检测的行动过程，以评估某 CCP 是否处于控制之中(Codex 1997b)。

操作限值(operational limits) 是比关键限值更为严格的控制标准，可用于采

取行动以降低偏差带来的风险。

显著危害(significant hazards) 其性质为安全食品生产有必要消除或降低至可接受水平的危害。

认证(validation) 是要获得证据证明 HACCP 各要素有效。

验证(verification) 是除监控外,应用方法、程序、检测和其他评价方法确定与 HACCP 计划的一致性。

2.4.3 HACCP 体系原理的应用

原理一 进行危害分析——什么地方可能出错?

危害分析是 HACCP 研究的一部分,工作小组要审查每种原材料和加工过程的每一个步骤,确认可能存在的危害,评估其显著性,并确保对其实施正确的管理措施。所有食品安全的显著危害都可以通过 HACCP 体系控制,而非显著性危害则由其他体系控制。通常每种原料和加工步骤的所有已确认的危害及其管理措施都可记录在危害分析工作单上。

原理二 确定关键控制点(CCP)——加工过程的哪些步骤是必须控制的?

关键控制点只与显著食品安全危害的控制有关。有两种基本方法可以帮助 HACCP 工作组确认关键控制点,一是依靠专家凭经验判断;二是可以 CCP 判断树为工具,评估所有原料、加工步骤及其管理措施。判断树由一系列问题组成,对这些问题的回答被列入危害分析表以确认每个危害(图 2.1)。

对判断树中所有问题的回答连同 HACCP 工作组所做出的任何正确意见一同记录在危害分析工作单上。一旦确认了 CCP,就应该将它们记录在 HACCP 控制表。

原理三 确定关键限值——为确保产品安全必须达到什么标准?

一旦确认了所有 CCP 之后,HACCP 工作组必须为每一个 CCP 的“安全”与可能“不安全”之间确定关键限值。当产品落在这些关键限值以外时,则 CCP 失控,可能存在安全隐患。关键限值可由法规、企业安全标准或已被科学证实的数值来限定。

关键限值与 CCP 所控制的危害类型有关,应该是能通过检验和观测确定和监

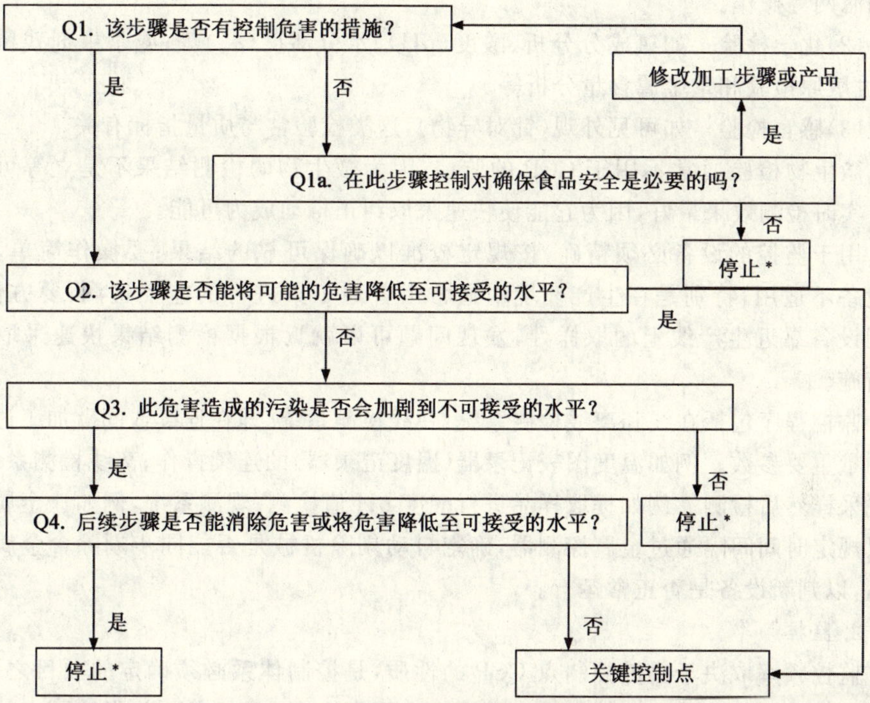

图 2.1 CCP 判断树

控的可测量的参数。例如温度、时间、湿度、酸度(pH)、水分活度(α_w)、有效氯浓度以及感官指标，如可见外观和质地。关键限值必须能控制已经过确认的危害。

关键限值和操作限值的区别：操作限值是为生产管理提供的缓冲余地。该设置是允许在正常加工操作中有一定偏差，而同时又保证不破坏食品的安全性。例如，如果热加工的关键限值是72℃，2 min，其操作限值可设置为75℃，10 min。一旦确定关键限值，就应记录在HACCP控制表上。

原理四：建立CCP监控体系——检查什么可表明出错？

监控是为了保证加工过程受控而进行的测试和观测行动，即表明管理措施确实正在进行，并将作为验证程序的一部分记录在案。建立监控程序包括的项目有：设备和方法、监控频率、人员和记录保存。

1. 设备和方法

(1)物理参数　如温度、时间和湿度；金属探测、磁选、X-射线检测和检查筛分器和滤网等操作。

(2)化学检验　如氯成分分析、酸度(pH)、水分活度(α_w)等;或杀虫剂残留分析、过敏原检验和重金属含量分析等。

(3)感官检验　如可见外观(针对异物),这类检验常与质量指标有关。

微生物检验通常不用于 CCP 的监控,因为微生物的检测结果不是立等可取的。实时检测效果最好,因为它能使快速采取纠正行动成为可能。

用于监控的设备必须精确,按规定校准以确保可靠的结果;要操作简单,复杂设备不适用,特别是在生产环境中通常由普通工人进行的监控检测;要方便,检测设备靠近生产线上的取样处,发现问题可以就近根据检测结果快速采取纠正措施。

监控程序包括在线和离线检测系统:在线检测系统,即在连续或间歇加工过程中测量重要参数。例如温度图表记录器(温度记录器)的连续操作;离线检测系统,即先采样然后检测。例如提取样品进行酸度 pH 值检测;观测系统,例如让金属试样以规定时间间隔通过金属探测器,确定自动剔除机械是否能同步剔除含金属的样品,以判断设备是否正常运行。

2. 监控频率

监控频率取决于关键控制点 CCP 的性质,是控制体系必须确定的项目之一。例如金属探测仪将连续监控产品中是否有金属存在(物理危害),并将按预定时间间隔(如每小时一次)验证其是否正常工作;通过对每批产品的 pH 值检测而进行产品酸度的监控。

3. 责任人

被分配执行监控职责的员工应该符合以下要求:

(1)熟悉工艺过程。

(2)经过监控技术培训。

(3)经过 HACCP 知识培训,懂得自己在企业 HACCP 计划中的作用和重要性。

(4)在监控过程中,以及出报告时不带任何偏见。

(5)经过纠正程序方面的培训,即当监控结果表明失控时,知道该做什么。

4. 记录保存

监控工作的结果应该由 CCP 监控者记录。记录单用于记录所有检测工作,必须含有正确的信息,以确保 CCP 受控,而且必须定期审核这些记录,并由经过培训的监督权威人士签署。CCP 监控记录可作为一般生产工作记录单的一部分保存起来。在有些要求强制执行 HACCP 体系的国家,监控记录可作为法律文件。

监控的程序、频率和责任人的细节都要记录在 HACCP 控制表上。

原理五 当监控表明某 CCP 失控时建立纠正程序计划——如果出错采取什么行动?

当监控结果表明某 CCP 偏离关键限值时,必须迅速采取纠正措施。其目的为:

(1)处理偏差出现期间生产出来的物料。

(2)使加工过程重归受控状态。

在产生偏差期间所生产的所有物料都应该安全隔离、检验,并以检测结果为依据对其安全性进行统计学评估。全面考察之后,可采取以下任一措施,即将不合格产品销毁、再生产、重新检验并放行或另作他用,比如作为动物饲料销售等。纠正程序的离线责任通常由资格比较老的有经验的工作人员承担,包括 HACCP 工作组组长。

使加工过程重新受控的程序包括暂停生产线并采取一临时方案,当找到永久性纠正措施后,再重新启动生产线。例如在修理金属探测器时,可预备一台临时离线金属探测器。这类纠正行动的责任应与实施 HACCP 计划的生产管理者取得一致,该责任通常属于监控 CCP 操作者,他要立即采取纠正程序并将进一步的行动报告给上层管理人员。

将纠偏程序和责任者的细节记录在 HACCP 控制表中。至此 HACCP 控制表就算完成了。

原理六 建立验证程序以确认 HACCP 体系正在有效运行——如何确定该体系运行良好?

可通过"确认"和"验证"来进行。虽然确认工作是在计划制订中一次完成的,但是在产品或加工过程中有任何变化时都需要重复进行。一旦 HACCP 计划实施后,无论如何验证都是一项持续的工作。

1. 确认

当完成 HACCP 研究后,在进入实施阶段之前,HACCP 工作组要进行一系列确认工作,以证实 HACCP 计划的所有元素都是有效的。可通过对以下问题的回答证实:"该 HACCP 计划确保相关危害已被确认并受到控制吗?"目的在于明确控制标准已经正确设置以确保所有显著危害都能受到控制。

如果 HACCP 计划是由经验有限的工作组完成,或如果 HACCP 研究所涉及的产品或技术类型对该企业来说是陌生的,可适当利用外界专家资源,来核对所有分析工作。也可在确认中使用统计学技术,以确定在特定限值内维持加工的能力。

当 HACCP 工作组对所有工作满意后,即确认所有管理措施都能控制确认危害，就可以实施 HACCP 计划了。

2. 验证

在 HACCP 计划实施后，验证加工中管理措施是否达到要求。验证工作包括检查 HACCP 体系，并审核和分析数据，例如审核以下文件：

(1)CCP 记录。

(2)产品的微生物和化学抽样与检验结果。

(3)消费者投诉记录。

(4)设备校准记录。

验证是一项持续性的工作。

3. 审核

审核分内审和外审，内审即由企业内部自行审核，要求审核者没有参与过该特定 HACCP 计划的研究，也不是该 HACCP 计划的管理者，因为他们与该 HACCP 计划涉及的产品生产无关，会比较客观。外审可由客户、官方审核员或由客户或企业自己聘请的第三方来执行。

日常审核为 HACCP 计划是否持续有效提供证据。审核 HACCP 体系的好处有：在体系的有效性方面保持信心；通过对确认弱点来改进体系；提供食品安全管理的文件证据。

4. 数据分析

HACCP 体系产生的记录必须作为验证程序的一部分定期审核，这就保证了 HACCP 计划的持续有效性，还可以分析趋势，及时实施纠正程序。需要定期审查的数据类型各不相同，包括：HACCP 计划中的 CCP 工作记录簿、检测结果、加工控制表、HACCP 审核报告和客户投诉等，以及前提方案中的害虫控制记录、玻璃物品登记、内务保管或卫生审核报告等。

审核这些记录的频率取决于其性质和重要性，可以是每天一次、每周一次、每月一次、每季度一次或是每年一次。如果可能，最好用电子设备处理，利用统计分析技术的图表可以表明趋势，并提供直观的记录。

原理七　建立适于 HACCP 原理及其应用的关于所有程序和记录的文件档案——如何证明该体系运行正常？

必须保存 HACCP 体系的文件和记录以证明该体系不仅正确建立而且运行良好。HACCP 体系文件在许多国家拥有法律地位，文件和记录符合规范标准非常重要，即要易读且没有涂改或涂改液痕迹。所有文件都应该有签名和日期。

如果组织得当，文件管理并不困难：

（1）给每一套 HACCP 计划一个特定的索引号，与之相关的所有文件可交叉参照。这一措施在 HACCP 计划实施过程中比较容易追踪记录。

（2）记录必须保存足够长的时间，取决于本国对产品制造或销售的法律要求和产品货架期。一般情况下，生产记录应该在终产品货架期满后保存至少 1 年，有时延长至 3 年。

（3）易于获取文件。

（4）任何更新和修订的文件要有日期和批文。为了追踪体系的发展过程，许多企业保存“修订历史”记录。

需要保存的生产记录包括：

（1）HACCP 计划，至少包括加工流程图、HACCP 控制表以及支持信息（如危害分析、HACCP 工作组详细情况、产品描述等）。

（2）HACCP 计划的修订历史。

（3）CCP 监控记录。

（4）处理偏差时进行的保存、追踪、召回记录。

（5）培训记录。

（6）审核记录。

（7）校准记录。

2.5 HACCP 体系在禽类加工中的应用

2.5.1 家禽中需要控制的致病菌和腐败菌

2.5.1.1 家禽孵化、生长阶段带菌

在家禽孵化和生长阶段，可能污染的食源性致病菌包括：沙门氏菌、弧菌属、李斯特单胞菌属、梭状芽孢杆菌和金黄色葡萄球菌，而且大部分是无症状带菌。当屠宰这样的家禽时，具有高危害性。活家禽携带的任何食源性致病菌都有可能传播到家禽胴体上。所以要强调在孵化场、饲料场与农场，以及加工厂实施 HACCP 体系，以减少污染。

2.5.1.2 被屠宰设备污染的嗜冷食源性致病菌

李斯特单胞菌属是一类能在冷却温度条件下繁殖的致病菌，它们普遍存在于家禽加工中。有学者认为很少在活鸡身上发现该菌，所以家禽胴体污染的李斯特氏菌主要来自于加工设备，特别是取内脏工序；另有学者认为该菌的污染很可能源于进货的活鸡，并因机器设备的清洗、消毒不充分而加剧；也有研究认为李斯特氏菌高发生率来自于操作工人的双手和工作手套，导致交叉污染，细菌增殖。如果生产过程中经过严格的卫生控制，成品胴体上的残存数量少。

2.5.1.3 金黄色葡萄球菌

在家禽胴体上发现的大部分金黄色葡萄球菌菌株并不产生引起食物中毒的毒素，一般由感染病菌的操作者加工的熟肉制品导致消费者食物中毒。金黄色葡萄球菌频繁出现在健康活鸡的皮肤上与咽喉内。大量事实证明加工设备能传播该菌，特别是脱毛机使胴体污染。

2.5.1.4 嗜冷腐败菌假单胞菌属

应尽量减少家禽胴体污染嗜冷腐败菌的可能性。假单胞菌属是有氧储存禽肉的主要腐败微生物。它们与其他腐败菌一起存在于鸡的表皮和羽毛中并随活鸡从饲养场带入加工厂，还可能存在于没有经过消毒的工厂供水中。大部分胴体上的假单胞菌在热烫工序被破坏，但是再次污染可能会发生在热烫以后的加工步骤，而且它们能在工厂的任何潮湿表面繁殖。

从对家禽中可能存在的致病菌和腐败菌的情况看，尽管当活鸡进入工厂携带了大量微生物，特别是在消化道内，但是当使用了适当的卫生控制方法后，胴体表面的细菌数量是随加工过程的进行而逐渐减少的。但是少数致病菌如沙门氏菌的传播控制要困难得多。实际上，胴体与胴体（设备、工人）之间的交叉污染可能发生在加工过程的每个步骤。更复杂的情况是污染的致病菌会附着在胴体表面，并很快陷入皮肤或进入腹腔，经表面简单清洗不易除去，热烫和消毒液处理等工序也都难以将其除去。因此最重要的是，在污染发生后要尽快清洗。现代禽肉加工业使用相当大量的水清洗工序，而且在取内脏时，常常不止一次清洗胴体，机械化去内脏设备能针对某些敏感部位进行连续喷射清洗。

2.5.2 家禽屠宰加工厂的卫生控制

良好操作规范(GMP)是任何 HACCP 计划所必备的前提方案。要隔离“清洁”加工区与“非清洁”加工区,为防止任何致病菌从活鸡接收区带到加工厂其他车间,必须使接收区处于完全隔离状态,在非通行时间紧闭大门。另外特别重要的是要将挂鸡、热烫和拔毛操作与其他工序完全隔离开。

全面有效的工厂卫生计划不仅将覆盖所有设备和加工环境的清洁卫生,而且涉及建筑维护和工厂的总体卫生,包括对鼠类和其他害虫的控制。非常重要的工厂卫生工作应由指定的且受过专业训练的人员担当。必须形成 SSOP 文件的事项包括:清洁卫生的确切步骤、频率、所需设备和化学试剂、试剂数量及其配制方法,以及处理相关物质的任何必要的防范措施。应该由某责任人对每日全部清洁计划的实施负责,并指定他人执行特定任务。

家禽屠宰场至少每天应该进行一次一整套的清洁消毒计划,需要更频繁关注的地方,例如刀具和手套;还应该注意生产间隙的清洁卫生工作。要注意需要特别处理的设备,应该定期更换去毛设备上用旧的橡胶“指头”。要按照地板类型、需清洁表面的性质、水硬度和清洁方法来选择清洁剂。车间设备表面必须完全清洁,清洁剂是否完全有效,要在消毒前后进行检查。通常以微生物检测结果验证消毒效果,检测取样不能只限于容易取样的平坦表面,而且应该包括微生物可能生存的缝隙和其他凹陷处。设置固定的菌群数界限值,若高于标准,则认为清洁与消毒效果是不可接受的。

需要特别注意的是,某些加工设备特别难以清洗消毒,例如活鸡运输工具、脱毛设备和开膛设备等。如果清洁不充分,可能微生物污染会从一个加工季节带到另一个加工季节继续起作用。GMP 和 SSOP 都应该受到正规检查,并在 HACCP 体系实施前完善。

2.5.3 绘制家禽屠宰加工流程图

在进行任何危害分析之前,有必要对整个加工过程进行仔细的检查,并绘制出全面细致的加工流程图。也可以在车间布置图的基础上绘制,同时指出物流和人流路线,明确哪里是交叉污染可能发生的地方。该加工流程图应该包括从活禽接收开始到终产品批发为止的所有操作中的每个环节。

所有相关技术数据记录,包括夜班或周末实施的特殊管理规范和程序。禽类加工 HACCP 工作组所需技术数据包括：

(1)地板设计与设备平面布置图。

(2)设备设计细节。

(3)高/低危区的隔离。

(4)工厂操作人员的隔离。

(5)产品储存与批发的条件。

(6)加工期间的时间/温度记录。

(7)再加工缺陷产品的安排。

(8)所用包装材料的种类。

(9)消费者食用说明。

(10)工厂清洁与消毒功效。

2.5.4 家禽屠宰危害分析与 CCP 确认

2.5.4.1 危害分析

确认加工过程——从原料进厂到待销售成品全过程可能发生的微生物危害，例如原料家禽中的致病菌危害，以及从污染的设备、临近原料、加工环境或操作人员引入的致病菌危害。HACCP 工作组也应该考虑任何异常情况下的问题，如加工中的偶发事故和中间产品的临时封存等。一旦确认所有危害，要将它们严格分类，例如，哪些是属于操作人员的因素、可能的发生频率(高、中或低)等。

2.5.4.2 确认 CCP 的原则

从原料污染的任何食源性致病菌都不可能在加工过程中完全消除。在目前商业环境下应该优化卫生管理，主要目标是：

(1)建立足够有效的企业卫生计划。

(2)确保在所有加工步骤正确应用 GMP。

(3)以应用 HACCP 原理作为确保全面控制加工(以家禽屠宰为例)污染的手段。

尽管众所周知屠宰加工中的微生物危害，并且屠宰加工本身在全世界都是相似的，但也没有哪两条生产线是一模一样的。某些情况下，危害发生的严重性和可能性各不相同,因此应该针对每条生产线分别建立 HACCP 计划。

作为 GMP 的一部分,加工过程应该受到检查以保证卫生管理的一般标准越高越好。允许使用氯水消毒的国家如英国和美国,可以引入低压含氯消毒水喷淋,以设备上的某些特别之处为目标进行消毒,控制微生物污染和因此而导致的胴体之间的微生物传播。需要注意的是喷淋时应该使其产生的雾气最小。不使胴体接触污染表面。

以下影响因素决定了 CCP 确认的原则:

(1)因为家禽胴体是生鲜产品,而且在消费之前总是需要烹调的。

(2)在高产大前提条件下,生产线上的胴体近距离一个接着一个,在任何操作环节上,当一个胴体处理完之后和下一个胴体到达之前,都没有多少允许插入卫生检查的机会,也导致胴体上有害微生物的传播,而且胴体很快又与设备接触使其污染,并因此而造成对其他胴体的交叉污染。

(3)微生物的空气传播在活鸡卸载处最为严重,但也可能发生在其他加工阶段,导致致病菌的传播。

(4)如果没有切实可行的胴体净化方法,加工的实际效果通常是使胴体携带某些微生物(如沙门氏菌)的比例增加。

根据上述分析,为了避免设置太多 CCP 削弱 HACCP 体系的作用,鞋消毒池等可作为禽肉加工的 CP(一般控制点)比较实际。设置 CCP 的总目标是尽量减少胴体的微生物污染和致病菌的传播。禽肉加工规范可根据国家或地区要求而变化。例如在美国,现行法规不准许在胴体上有任何肉眼可见的粪便污染;一些北欧国家认为,沙门氏菌污染的肉不适合人类消费。

2.5.5 填写家禽屠宰 HACCP 控制表

家禽屠宰 HACCP 控制表见表 2.1。

表 2.1 家禽屠宰加工生物危害 HACCP 控制表

加工步骤	项目	危害	监测		控制要求	
			程序	频率	关键限值	行动
CCP1 运货鸡笼的清洗与消毒	1)鸡笼的清洗	鸡群之间污染	目测	连续	目测清洁	再清洗或用特殊清洗法
	2)消毒剂的使用		检查消毒剂用量	每小时	不低于推荐浓度	调整消毒剂剂量

续表 2.1

加工步骤	项目	危害	监测		控制要求	
			程序	频率	关键限值	行动
CCP2 热烫	1)水温度	胴体污染未消除	检查温度表	每小时	例如不低于50℃	调节温度
	2)水量		目测	每小时	不低于特定水平	调节进水量
	3)水的搅动		目测	每小时	持续	暂停生产并维修
CCP3 开膛(机械化)	操作模式	1)胴体粪便污染	目测	每批	不低于认可的标准	调整机器
		2)微生物附着在机器上	检查冲洗水/氯浓度	每小时	不低于设置值	调节水流/氯浓度
CCP4 开膛后喷淋清洗	功效	胴体清洗不够	检查	每小时		
			1)用水量		例如不低于1.5 L/胴体	调节水流
			2)含氯量		例如不低于20 mg/L	调节氯含量
CCP5 空气冷却	功效	胴体上微生物生长	测量胴体内部温度	每小时	例如不高于10℃	修改冷却条件

上述必要参数的监控都是相当简单的操作,可以容易地进行任何必要的纠正行动。可根据需要进行连续的或适当间隔的测量。通常热烫水温是自动测量的,而目测检查足以确定运输用鸡笼是否清洗干净或开膛设备是否运转正常。含氯消毒水的浓度可经常间歇地利用比色检测法快速测定。无论如何,纠正行动必须清楚地指定负责人。出于某些要求对任何工艺参数的调整(例如对冷却条件进行任何必要的调整),都需要相关工程师做出决定。必须保证完整地记录所采取任何行动的细节。

2.5.6 HACCP 计划的验证与审核

CCP 的确认及其相关的控制离不开微生物学试验,以确保在特定加工步骤的危害被降低至可接受的水平。微生物学试验也可用于验证 HACCP 计划有效性。应该定期由至少两位没有直接参与该 HACCP 计划建立或实施的人士进行审核。除微生物学试验外,审核将涉及对整个加工过程的目测检查和生产记录的检查以确保与陈述的CCP、程序、纠正行动等一致。HACCP计划本身也需要评估。当产品或加工过程有任何变化时，或当得到与产品安全有关的新信息时，审核就显得特别重要。

另一种与HACCP审核有关的试验是确定终产品货架期，例如冷藏期间腐败味道形成的时间。假单胞菌是家禽主要的腐败菌，这类微生物污染主要发生在胴体热烫之后。胴体有长货架期表明该类微生物已受到控制。因此，可作为感官判断指标之一，假单胞菌也能指示卫生状况。

食品安全质量控制体系复习题

1. 简述食品安全的概念。
2. 举例说明什么是食源性疾病。
3. 举例说明食品污染物是如何定义的。
4. 举例说明食品安全危害的分类。
5. 什么是食品安全生物危害？
6. 什么是食品安全化学危害？
7. 什么是过敏原？
8. 食品安全物理危害和异物在概念上的相同点和不同点是什么？
9. 食品安全质量控制体系的研究对象、内容和手段分别是什么？
10. 为什么食品安全质量控制要强调“从农田到餐桌”的食品供应链全程的有效管理？
11. 什么是HACCP体系？
12. HACCP体系的来历如何？
13. 哪些组织可应用实施HACCP体系？
14. ISO 22000:2005标准的名称全称及内容是什么？
15. ISO 22000标准与HACCP体系的区别在哪里？
16. 实施ISO 22000:2005标准体系对企业有何益处？
17. 建立HACCP体系的条件与前提方案分别是什么？
18. 举例说明质量控制点和食品安全关键控制点的区别。
19. HACCP体系与ISO质量管理体系的关系是什么？
20. 简述良好操作规范(GMP)的概念。
21. 结合某具体食品生产实际说明良好操作规范(GMP)的主要内容。
22. 卫生标准操作程序(SSOP)的概念是什么？

23. 卫生标准操作程序(SSOP)的主要内容是什么?

24. 为什么食品加工企业要求实施 SSOP?

25. 解释什么是食品加工企业的加工用水,其应达到什么标准?

26. 什么是食品接触面,对食品接触面的卫生要求有哪些,有什么监测方法?

27. 什么是交叉污染,如何防止交叉污染,如果发现错误应如何纠正?

28. 患有哪些疾病的员工不适于在与所加工食品直接接触的岗位工作?

29. 以家禽屠宰为例简述 GMP 和 SSOP 的关系。

30. 以家禽屠宰为例简述 HACCP 体系与 GMP、SSOP 的关系。

31. 简述食品配方对食品安全性的影响。

32. 简述食品酸度对食品安全性的影响。

33. 简述食品水分活度对食品安全性的影响。

34. 以肉类罐头、冷冻蔬菜、酸奶等产品为例说明与食品安全有关的重要加工环节有哪些?

35. HACCP 体系的七项基本原理是什么?

36. 解释 HACCP 体系的以下术语:HACCP 研究、HACCP 体系、HACCP 计划、HACCP 小组。

37. 解释 HACCP 体系的以下术语:危害分析、显著危害、CCP 判断树、关键控制点、关键限值、纠正行动、HACCP 控制表。

38. 对 HACCP 工作组成员的具体要求是什么?

39. 什么是内审和外审?

40. 何为监控,哪些数据适合在线监控,对监控责任人的要求是什么?

41. 建立 HACCP 体系需要绘制的流程图与一般工艺流程图有何异同点?

42. 关键控制点是如何确定的?

43. CCP 关键限值与操作限值的区别是什么?

44. 以家禽屠宰为例说明当某 CCP 出现偏差时,纠正行动的目的和方法是什么?

45. 什么是 HACCP 体系的“确认”和“验证”?

46. HACCP 体系运行至少需要保存哪些生产记录?

47. HACCP 体系是可独立运行的食品安全控制体系吗?

48. 举例说明实施 HACCP 体系的优点是什么?

49. 试举例说明与产品的化学检测相比,应用 HACCP 体系的好处是什么?

50. 试举例说明与产品的微生物检测相比,应用 HACCP 体系的好处是什么?

51. 试举例说明与产品的感官检验相比,应用 HACCP 体系的好处是什么?

52. 只有食品深加工企业适合建立 HACCP 体系吗？

53. 试分析“从农田到餐桌”，哪些环节适合实施 HACCP 体系。

54. 是否可以建立 HACCP 体系与企业规模有关吗？

55. 保持 HACCP 体系的运行需要进行哪些工作？

56. 生产过程中的哪些因素变化需要修正 HACCP 计划？

57. 为什么 HACCP 计划是针对某特定生产线的？

58. 举例说明与传统食品安全控制方法相比，建立实施 HACCP 体系的优点是什么？

59. 下列英文缩写词的含义是什么？CCP，CODEX，FAO，GMP，HACCP，ISO，SSOP，WHO，WTO。

60. 以家禽屠宰为例(原料为活鸡，产品为冷却分割肉)，解答下列问题：

(1)绘制家禽屠宰加工流程图。

(2)家禽所携带致病菌和腐败菌的来源及特征是什么？

(3)家禽屠宰分割过程的 CCP 的确定原则是什么？

(4)应用 CCP 判断树说明食品安全关键控制点的确定方法。

(5)解释为什么分析家禽屠宰加工的关键控制点为：运货鸡笼的清洗与消毒、热烫、开膛(机械化)、开膛后喷淋清洗和空气冷却。

(6)试分析上述各关键控制点的食品安全危害及其来源。

(7)试列出关键控制点的危害分析表。

(8)试列出关键控制点的控制表。

(9)试说明上述关键控制点的关键限值是如何确定、如何实施监控的？

(10)根据家禽屠宰 HACCP 计划原理，尝试建立生猪屠宰加工的 HACCP 计划，原料为活猪，产品为冷冻胴体。

第3部分　食品工艺学概论

3.1　肉制品加工工艺学

3.1.1　国内外肉制品工业发展概况

五千年的历史，博大精深的饮食文化，造就了种类繁多的传统风味肉制品，急需工业化生产；目前向以中式为主、中西结合方向发展。

国内外的国内主要产品类型：腌腊制品、酱卤制品、熏烧烤制品、干制品、油炸制品、香肠制品、火腿制品、罐头、其他。

国外主要产品类型：火腿(ham)、腌肉(bacon)、灌肠(sausage)。

3.1.2　肉用畜禽的屠宰加工和分割利用

猪的屠宰工艺流程：

击昏→宰杀放血→烫毛、褪毛→开膛→割头蹄→劈半→胴体修整→检验、盖章→出售或冷冻储藏

3.1.2.1　击昏

应用物理的或化学的方法屠宰动物，在刺杀放血之前处于暂时昏迷状态，叫做击昏。

猪的击昏方法：机械击昏法、麻电法（我国多用此法）、二氧化碳室息法（欧美等国多用）、干冰发生室(浓度65%～70%)，时间40～45 s。

3.1.2.2 宰杀放血

宰杀放血方式有:血管刺杀(广泛采用)、心脏刺杀、切断三管刺杀(伊斯兰)、家禽口腔刺杀。

3.1.2.3 烫毛、褪毛

浸烫时的水温 60～63℃(家禽 65℃),时间 5～8 min。

防止烫生(水温低时间短,毛孔未舒张,不易刮掉)或烫老(水温高时间长,使皮肤表层蛋白凝固收缩,毛孔闭塞,也不易刮掉)。

褪毛:用刮毛机(或剥皮制革)。

3.1.2.4 开膛、割头蹄(倒挂)

褪毛后 30 min 开膛。

1. 剖腹取内脏

自上而下剖开,剖下大小肠和脾胃,膀胱。

2. 撬胸骨

从放血口,由下向上将胸骨撬开,割除心肝、肺和气管。

3. 割头蹄

割头:从颈部耳根切线下刀;割蹄:跗关节和腕关节。

3.1.2.5 劈半和修割

劈半包括冲背和劈半两道工序。

冲背:在劈半之前,需从尾椎沿脊椎到项部垂直切开皮肤和皮下脂肪,便于劈半,这一工序叫做冲背。

劈半:沿脊椎骨中间稍偏错开骨髓,将脊椎骨用电锯或砍刀劈开。

修割包括干修和冲洗两道工序。

3.1.3 肉的形态结构

3.1.3.1 肉的概念

从商品学观点,把肉理解为胴体,即家畜屠宰后除去血液、头蹄、尾、毛(或皮)、内脏的肉尸,俗称白条肉。

热鲜肉：刚屠宰后不久体温还没完全散失的肉。

冷却肉：经过一定时间的冷加工，使肉保持低温而不冻结的状态时，称为冷却肉。

冷冻肉：呈冻结状态时。

分割肉：肉按不同部位分割包装出售叫分割肉。

3.1.3.2　肉的形态结构

肉（胴体）的组成：

肌肉组织 50%～60%

脂肪组织 20%～30%

结缔组织 15%～20%

骨组织 9%～11%

1.肌肉组织

肌肉组织是肉的主要组成部分，分为横纹肌，平滑肌和心肌 3 种。肌细胞是肌肉的基本构造单位，长的圆柱状，又称肌纤维。30～40 根肌纤维组成一级肌束。

肌原纤维：是肌纤维的主要成分，是肌肉的特有收缩成分，可分为粗（纤）丝和细（纤）丝。由于粗丝和细丝的排列在某一区域形成重叠，从而形成了在显微镜下观察时所见的明暗相间的条纹，即横纹。

肌节：在肌原纤维上具有和肌纤维相同的横纹，用电子显微镜观察复杂的横纹结构，发现整齐的横纹按一定周期重复，周期的一个单位叫做肌节。

Z 线：肌节两端是细线状的暗线称为 Z 线。

A 带：中间是宽约 1.5 μm 的暗带或称 A 带。

I 带：A 带和 Z 线之间是宽约 0.4 μm 的明带或称 I 带。

H 区：在 A 带中央还有宽约 0.4 μm 的稍明的 H 区。

肌质网：控制肌肉的收缩和松弛。

2.结缔组织

细胞：成纤维细胞。

纤维：3 种。

胶原纤维，性状柔软，牵引力较强但缺乏弹性。在加水加热后出现胶状（明胶）。

弹性纤维，构造坚硬，耐酸碱及加热能力。

网状纤维，构造疏松，不会出现胶状。

基质：主要成分为黏多糖和黏蛋白。

3.脂肪组织

重要性：仅次于肌肉组织，对提高食用价值，改善肉的风味有直接影响。

构造单位：脂肪细胞。

脂肪滴：脂肪和水构成的胶体物质。其中，脂肪89%～92%，水分6%～12%，蛋白质1.3%～1.8%。

4.骨组织

骨的构造：骨膜、骨质和骨髓。

骨的化学成分：水分占40%～50%，胶原蛋白20%～30%，无机质20%。

用途：骨粉、骨油、骨胶、骨泥。

3.1.4 肉的理化性质

3.1.4.1 肉的化学成分及性质

1.水分与肉的持水性

水的存在形式：结合水、不易流动水和自由水。

肉的持水性即肉的保水性，即肉在外力的作用下，如加压、切碎、加热、冷冻、解冻、腌制干燥等加工或储藏条件下保持原有水分或添加水分保持能力。

影响肉的持水性的因素：凝胶的网络结构及蛋白质所带净电荷的数量。蛋白质本身的变性与持水性也有密切关系。

2.蛋白质

(1)肌原纤维蛋白质　包括肌球蛋白、肌动蛋白、肌动球蛋白。

肌球蛋白又称肌凝蛋白，肌肉中含量最多，存在粗丝当中构成A带；是关系到加工过程中嫩度、持水性变化和其他凝胶性质的主要成分。不溶于水，溶于低盐溶液，等电点pH 5.4，凝固温度45～50℃，成黏性，易形成凝胶。

肌球蛋白的作用：构成粗纤丝；ATP酶活性；具有与肌动蛋白结合的位点，连接细丝和粗丝，形成肌动球蛋白。

肌动蛋白又称肌纤蛋白，为细丝的主要成分，构成I带。约占20%。分子呈球形，称G-肌动蛋白；300～400个单体集合在一起，呈纤维状，称F-肌动蛋白。能溶于水或稀的盐溶液，等电点pH 4.7。

肌动蛋白的作用：为肌肉收缩的主要蛋白质，可与肌球蛋白横桥形成交联，结合两个调节蛋白质一起参与肌肉收缩。

肌动球蛋白又称肌纤凝蛋白，由肌动蛋白与肌球蛋白结合而成，肌动：肌球＝1：(2.5～4)(g：g)。其性质为：具有较高的黏度和 ATP 酶的活性；肌动球蛋白在离子强度为 0.4 以上的盐溶液中处于溶解状态；高浓度的肌动球蛋白易形成凝胶。在高离子强度下，如 0.6 M KCl 溶液中，添加 ATP 则溶液的黏度降低，流动双折射也减弱（肌动球蛋白分解；添加焦磷酸盐也有同样现象）。

天然肌动球蛋白，即将新鲜的磨碎的肌肉，加入盐溶液（0.6 M KCl，0.1 M Na_2CO_3，0.06 M $NaHCO_3$），经反复抽提而制得，因其中含有少量肌球蛋白，这样制得的肌动球蛋白又称为肌球蛋白 B，而纯的肌球蛋白则称为肌球蛋白 A。

合成肌动球蛋白，即预先抽提出肌动蛋白和肌球蛋白，然后按一定的比例混合制得肌动球蛋白。

(2)肌浆蛋白质　肌溶蛋白，易溶于水，不稳定，易发生变性沉淀，为全价蛋白质，易于消化吸收。

肌红蛋白，复合性的色素蛋白质，由一条肽链的珠蛋白和一分子的亚铁血红素结合而成，为肌肉呈现红色的主要成分等电点 pH 7.0，不稳定，易氧化变色。

(3)肉基质蛋白质　胶原蛋白（collagen）、弹性蛋白（elastin）和网状蛋白。

3. 脂肪

生脂肪与油脂的区别：从肉尸中获得的脂肪称为生脂肪，从生脂肪焙炼提出的脂肪称为油脂。

动物性脂肪的主要成分为甘油三酯。动物脂肪都是混合甘油酯。

4. 浸出物

含氮浸出物（香气的主要来源）包括腺嘌呤（ATP）、游离氨基酸、磷酸肌酸、核苷酸类、肌肽、尿素等。

无氮浸出物包括糖类化合物和有机酸。

3.1.4.2　肉的物理性质

包括冰点，肉的颜色，气味和滋味，保水性，肉的嫩度。

1. 肉的颜色

呈色物质为肌红蛋白：复合性的色素蛋白质，由一条肽链的珠蛋白和一分子的亚铁血红素结合而成，为肌肉呈现红色的主要成分。在肌浆中，等电点 pH 7.0，不稳定，易氧化变色。

肉的基本颜色与动物的种类、年龄、用途和加工条件有关。

猪肉:淡红色;黄牛肉:棕红色或暗红色;水牛肉,羊肉:浅红色;马肉:暗紫色。

肉的颜色变化:深红→鲜红→红褐色。

肌红蛋白→氧合肌红蛋白→高铁肌红蛋白。

影响颜色变化的因素:温度、湿度、空气流速、含氧量等。

2.肉的风味(气味和滋味)

风味的前躯物质为水溶性的部分;加热处理可促进风味之产生;前躯物质为还原糖和氨基酸时,加热可产生羰氨反应,变色。

3.肉的持水性

常用的保水剂:复合磷酸盐。复合磷酸盐的作用:增加了离子强度;提高 pH 值;螯合作用;肌球蛋白 B 与低聚合度磷酸盐的特异作用。

4.肉的嫩度

固有硬度:肉中结缔组织含量多则硬,含量小则软。这种硬度不是由物理化学变化引起的,而是由肉中结缔组织的自溶含量决定的,因此被称为固有硬度,即刚屠宰后和成熟时显示的硬度。

尸僵硬度:刚屠宰后的热鲜肉和经过成熟的肉嫩度大,而尸僵时肉的嫩度小、硬度大,此时由理化变化引起的硬度叫尸僵硬度。

影响肉嫩度的各种因素有:结缔组织含量、宰后肉的变化、热加工、冷加工。

3.1.5 宰后肉的变化

3.1.5.1 肉的尸僵

1.尸僵

宰后肉经过一定时间,由弛缓变为紧张,关节不活动,肉无光泽,尸体呈僵硬状态叫尸僵。

2.肌肉收缩松弛的生物化学机制

有关肌肉收缩松弛的基本单位是肌动蛋白纤丝和肌球蛋白纤丝,HMM S-1 上含有 ATP 酶活动中心,在此位置上肌动蛋白与肌球蛋白结合。肌肉处于静止状态时,肌动蛋白与肌球蛋白不结合,ATP 形成 Mg-ATP 复合体。肌肉收缩时,刺激通过神经系统传递给肌肉组织。首先肌质网发生变化,释放出钙离子。钙离子使 ATP 从 Mg-ATP 复合体中游离出来,同时刺激 ATP 酶,使其活化。ATP 酶活化后将 ATP 分解释放能量;与此同时肌球蛋白纤丝与肌动蛋白纤丝结合,进而使肌动蛋白纤丝从肌节两侧向 H 区牵引，形成收缩状态的肌动球蛋白。当肌肉松弛时，神经刺激停止，肌质网收去钙离子，ATP 酶活性被抑制，过剩的 ATP 与 Mg 重新形成 Mg-ATP 复合体，并使肌动球蛋白解离，恢复松弛状态。

3. 宰后糖酵解作用和酸性极限 pH 值

糖酵解成乳酸，产生 3 个 ATP；乳酸的积累使 pH 值降低到酸性极限 pH 值(pH 值 5.4～5.5)。

4. 僵直形成的原因和过程

糖原无氧酵解为乳酸，产生 3 个 ATP，乳酸积累导致 pH 值降低，肌质网自体崩解。钙离子溢出，ATP 酶活化，肌动球蛋白形成，导致收缩。ATP 只能不断减少，所以反应是不可逆的，这种收缩是永久性的，这就是死后僵直的原因。

保水性的变化：pH 值的变化，接近蛋白质的等电点，与水的结合力减弱；肌动球蛋白的形成，使蛋白质间的有效空隙大为减少；蛋白质某种程度的变性。

3.1.5.2 肉的成熟

解僵软化的机制：钙离子作用学说和蛋白酶作用学说。

保水性的变化：pH 值为 5.6～5.8，即在成熟时离开了等电点，保水性部分恢复。

风味改善：主要成分为肌苷酸和游离氨基酸、肽等。

肌苷酸为味质增强剂，它是由 ATP 逐级降解而形成的(ATP→ADP→AMP→IMP(肌苷酸)→肌苷→次黄质)。

3.1.5.3 肉的腐败

肉的自溶：肉中蛋白质在自体酶的作用下进行的无菌分解。

肉的腐败：由于腐败菌在肉中生长繁殖引起蛋白质脂肪等深度分解。

肉新鲜度检查：pH 值测定；挥发性盐基氮；硫酸铜反应；过氧化物酶反应。

3.1.6 腌制和烟熏

3.1.6.1 腌制的基本原理

用食盐或以食盐为主并添加硝酸盐、糖和各种调料的腌制材料加工处理的过程称为腌制。

腌制既是一种加工方法又是一种储藏方法。主要腌制材料:食盐、硝酸盐、食糖、香料等此外还用磷酸盐、抗坏血酸等改良剂。

1. 食盐的作用

(1)提高肉的持水性。与持水性、结着性有关的蛋白质是肌球蛋白质,为盐溶蛋白质。未经腌制的肌肉中的蛋白质是处于非溶解状态,即凝聚状态;腌制后转变为溶解状态。也就是由有限膨润转变为无限膨润,实现高度溶剂化的过程。经绞碎、斩拌,溶胶状的肌球蛋白B从细胞中释放出来,起结着剂的作用,加热时即形成巨大的凝聚体,将水分和脂肪封闭在凝聚体的网状结构里。

(2)具有防腐作用,脱水作用和毒性作用,对酶活力的抑制作用。

(3)改善风味。

2. 腌制中的呈色机理

呈色物质肌红蛋白的变化:肌红蛋白被氧化生成氧合肌红蛋白(鲜红色),继续氧化生成高铁肌红蛋白,为红褐色。

以发色为目的,腌制时使用硝酸盐或亚硝酸盐,颜色就会变成明快的红色,并且还可将此红色保持一段时间,这种情况通常称作颜色的固定。

硝酸盐不能独自发生反应,必须通过微生物还原为亚硝酸盐的状态。

亚硝酸盐在乳酸的作用下变成亚硝酸→一氧化氮→与肌红蛋白发生反应,生成一氧化氮肌红蛋白(或亚硝基肌红蛋白)。

另一种说法:先生成 NOMMb,然后还原成 NOMb。

一氧化氮肌红蛋白呈稳定的鲜红色。

3. 硝酸盐、亚硝酸盐的作用

(1)固定肉色的作用。

(2)抑制肉毒梭状芽孢杆菌的生长(clostridium botulium)。

(3)赋予特殊盐渍风味。

(4)具有抗氧化的作用。

4. 抗坏血酸的作用(还原)

使亚硝酸直接生成一氧化氮。

3.1.6.2 腌制方法

常用的腌制方法有干腌法、湿腌法($NaCl \geqslant 25\%$;$K_2NO_3 \geqslant 1\%$)、注射腌制法、混合腌制法(先干腌后湿腌)和热腌法(60～65℃腌制液)。

3.1.6.3　烟熏

烟熏风味是西式肉制品特有的风味。

1. 烟熏的目的

形成烟熏风味；防止腐败变质，提高保存性（干燥、甲醛）；促进发色作用（加热腌制肉色和烟熏颜色的产生）；防止氧化（石炭酸）；使制品表面凝固，形成皮膜（干燥、加热、烟中有机酸）。

2. 熏烟的成分

熏烟是硬木不完全燃烧而得到的，由空气和燃气（包括气体、液体和固体物质的粒子）所形成的气溶胶系统。熏制的实质就是产品吸收木材分解产物的过程，木柴分解产物是烟熏作用的关键。成分有200多种，其中重要的化合物包括：醛类、酚类、酸类、酮类、羰基化合物和烃类。

3. 烟熏方法

冷熏法：15～30℃，进行较长时间（4～7 d）的烟熏，主要产品色拉米香肠，风干香肠。

中温法：30～50℃，1～2 d，西式火腿、培根等采用这种方法。

高温法：50～80℃，应用较广泛，短时间内就能形成较好的熏烟色泽。常用于灌肠产品的加工。

液熏法：用液态烟熏制剂代替烟熏的方法称为液熏法，在国外已广泛使用。从硬木干馏制成并经过特殊净化。优点为：不需烟熏发生器、有较好的重现性、无致癌危险。

3.1.7　火腿的加工

3.1.7.1　中国式火腿的加工

金华火腿以色、香、味、形“四绝”闻名于世，起源宋代，距今已有800多年的历史，清朝光绪年间已畅销日本、东南亚和欧美等地。

中国式火腿的加工工艺及工艺要点：

(1)原料肉的选择　皮肉无损伤，爪细，腿长，5～8 kg。

(2)修割腿坯　修整成“琵琶形”，腿面平整。

(3)腌制　混合盐腌制，温度3～8℃，盐量9%～10%，上盐6～7次，腌制时间

30～35 d。

(4)洗晒　去除黏腻油污物质，也可使盐分散失一部分。

(5)整形　小腿骨校直，腿爪弯曲，皮面压平，腿心丰满。

(6)晒腿　3～6 d，皮紧、红亮、脂肪洁白，肌肉坚实，形态固定。

(7)发酵　形成独特的色泽和风味；然后从农历 3 月挂至 6 月，表面霉菌生长。防热防潮，边发酵边修整(修干刀，在清明节前后)。

(8)落架和堆叠　肉面向上，皮面向下，逐层堆放。

(9)成品　腿重 2.5～4 kg。

3.1.7.2　西式火腿的加工(盐水火腿简介)

1. 盐水火腿的工艺流程

原料选择和整埋→注射盐水腌渍→滚揉按摩→装模成型→烧煮和整形→成品冷却→包装出售

2. 工艺要点

(1)盐水的主要成分　盐、亚硝酸钠、抗坏血酸钠、磷酸盐和水。

(2)混合粉的主要成分　淀粉、磷酸盐、葡萄糖、少量精盐、味精及其他辅料。

(3)盐水温度　8～10℃，强行注入肉块内；冷库温度是 2～4℃，腌制时间 16～20 h。

(4)滚揉按摩　在 8～10℃的冷库中进行，第一次按摩时间 1 h，然后放置在 2～4℃的冷库中，存放 20～30 h；第二次按摩，肉按摩 30～45 min，将混合粉按 2.5% 的比例加入肉中，再加粗肉糜(已腌制 36～40 h)。

(5)滚揉按摩的作用　使肉质松软，利于盐水渗透扩散，使肉发色均匀；使蛋白质外渗，增强肉块间的黏着能力，加速肉的成熟，改善制品的风味。

(6)烧煮和整形　模型排列在锅内，放入清水，迅速升温至 78～80℃，定温烧煮 3～3.5 h(中心温度达到 68℃)，迅速冷却后整形，放入 2～5℃冷库内，继续冷却 12～15 h 后出模，包装。

3.1.8　灌肠制品

3.1.8.1　灌制品的分类

按中国肠类制品的分类方法分为：中国香肠类、发酵肠类、乳化肠类、肉类粉肠。

按美国和日本香肠的分类方法分为：生鲜香肠、烟熏香肠、熟香肠、干香肠、半干香肠。

发酵肠类是肉经绞碎或斩成粒料，用食盐、硝酸盐、糖等辅料腌制，以自然或人工接种乳酸菌发酵剂，充填后经烟熏、干燥和长期发酵制成的一类生肠制品。质地紧密，切片性好。分为干（水分＜35%）或半干发酵香肠。发酵早期亚硝和食盐抑菌，发酵香肠中防腐剂随时间的推移作用减弱，乳酸菌的生长导致 pH 抑菌增强；随后乳酸菌逐减，A_w 始终呈下降态势，α_w 成为保证可储性的决定因子。

乳化香肠提取盐溶性蛋白质或添加动植物蛋白质等乳化剂进行乳化。产品弹性高、切片性好，质地细腻，保水和脂肪能力都高于其他类香肠，如法兰克福香肠、哈尔滨大红肠等。

所谓乳化原指在一种液体中，另一种液体以粒子状分散而形成乳状现象。香肠乳化是指瘦肉、脂肪及冰水在斩拌中被混合的状态。在制作香肠时，最大限度地使肉中的盐溶蛋白析出，形成良好的乳化状态。经加热，使蛋白质完全热凝固后，乳化就会被固定。肉尽可能地斩碎，对盐溶蛋白的析出是很重要的。

3.1.8.2 西式灌肠制品（红肠）

1. 灌肠生产的主要设备

绞肉机、搅拌机、斩拌机、灌肠机、烤箱、蒸煮室、烟熏室。

2. 灌肠制品的配方

以 100 kg 原料为例：

瘦肉 74 kg，肥膘 18 kg，淀粉 8 kg，味素 160 g，胡椒粉 150 g，桂皮 100 g，亚硝 15 g，精盐 2.0 kg，磷酸盐 400 g。

3. 工艺流程

原料肉整理→腌制→绞碎、斩拌→灌制→烘烤→煮制→烟熏→成品

4. 工艺要点

(1)腌制　食盐 2%～3%，亚硝 0.015%；4～10℃，48～72 h。

(2)绞肉和斩拌　不超过 10℃；在斩拌后期加入其他辅料。

(3)烘烤　70～90℃，25～60 min。

(4)煮制　水温 95℃下锅，后保持 85～90℃水温，待肠内温度达到 68～70℃即可。

(5)烟熏　煮后肠变成湿软状态，无光泽。烟熏后肠衣干燥，具有均匀的红色，有特有的烟熏风味。

3.1.8.3 中式香肠

1.广式一级腊肠的配方

猪瘦肉70 kg,猪肥肉30 kg,白糖9～10 kg,一级酱油2～3 kg,精盐2.5～3.0 kg,55°汾酒3～4 kg,硝酸盐50 g。

2.工艺流程及要点

(1)切肉 瘦肉和肥肉切成1～1.2 cm的方块。

(2)拌馅 按上述配方进行拌馅。

(3)灌入肠衣 常用羊小肠。

(4)日晒和挂晾 日晒2～3 d;风干3～4 d。

3.1.8.4 西式灌肠和香肠之间的区别与联系

联系:都是以肉为主要原料,都经腌制、切碎、灌入肠衣或其他材料的一种肉食品。

区别:从原料肉的品种、原料肉的处理方式、辅料、调料以及加工方式(日晒或烟熏)等进行详细比较。

3.1.9 酱卤制品及烧鸡的加工

特点:熟制品,产品酥润,有的带汁,不易包装和储藏。

3.1.9.1 烧鸡的配方(以50 kg原料计)

白条鸡50 kg,食盐1.8～2.2 kg,白糖0.5 kg,三萘35 g,小茴25 g,姜35 g,砂仁10 g,肉蔻25 g,白芷40 g,桂皮10 g,陈皮10 g,花椒5 g,广香10 g,草果25 g,硝酸钠10 g。

3.1.9.2 烧鸡的加工工艺流程

鸡的宰杀→浸烫和褪毛→开膛和造型→上色油炸→煮制→成品

3.1.10 罐藏制品

罐藏制品主要内容包括罐藏容器、生产原理和罐藏制品的加工技术等。

3.1.10.1　罐藏容器

镀锡薄钢板、玻璃罐、复合薄膜袋等。

3.1.10.2　肉罐头生产原理

包括微生物的耐热性、D 值、Z 值、F 值以及杀菌时的传热及传热曲线等内容。

3.1.10.3　罐藏制品的加工技术

1.工艺流程

空罐清洗、消毒→原料验收→ 预处理→ 装罐→ 排气、密封→ 杀菌→ 冷却→保温检验→ 成品

2.工艺要点

(1)罐头的种类与预处理

清蒸类:处理后的原料直接装罐,在罐中加入食盐、胡椒、洋葱、月桂叶等。

调味类:原料肉处理后,预煮或烹调的肉块装罐,加入调味汁。

腌制类:原料肉经过混合盐腌制后,再进行加工,如火腿、午餐肉、咸牛肉等。

烟熏类:处理后的原料,经过腌制、烟熏后装罐,如火腿蛋和烟熏肋肉等。

内脏类:内脏及副产品经处理、调味或腌制后装罐。

(2)装罐　装罐包括:装料→称量→浇汤→预封。

(3)排气

排气的作用:部分真空状态,防止内容物氧化变质;抑制需氧菌和霉菌的发育生长,防止杀菌时胀罐;防止罐内壁腐蚀。

排气的方法:热力排气法、真空封罐法和喷蒸汽封罐法

(4)密封

金属罐:二重卷边法。

玻璃罐:经封罐机的滚轮作用,将嵌有橡胶圈的铁盖压紧在玻璃罐的凸缘上。

密封度检验:罐头侵入热水中(85～90℃)1 min,密封不严,出现气泡。

(5)杀菌、冷却

杀菌目的:杀死绝大部分微生物和食品中的酶。

方法:高温杀菌和低温杀菌。

杀菌公式的表示方法和反压冷却的概念。

冷却:从杀菌锅取出后,用冷水喷淋,冷却至37℃。

(6)检验

外检:剔除密封不严、变形严重的。

保温检验:37℃,7 d,剔除膨听、有膨音的不良罐头。

罐头储藏:适宜温度 0～10℃,不高于 30℃,也不要低于 0℃。RH 75%,防止生锈。

3.2 乳与乳制品加工工艺学

3.2.1 乳的概念和牛乳的组成

牛乳营养丰富、成分齐全、容易消化、风味香甜,所以是婴幼儿和小动物出生后的必需食品。在动物食品中乳的营养成分最易消化吸收,生产成本最低。乳的生物学价为 85%,消化率为 98%。

3.2.1.1 乳的概念

乳是哺乳动物为哺育幼儿从乳腺分泌的一种白色或稍带微黄色的不透明的液体。具有特殊香味,稍带甜味,具有胶体 特性的生物学液体,由许多成分组成。

初乳:产犊以后 7 d 以内的乳,色黄、浓厚并有特殊气味。

常乳:产犊 7 d 以后至干奶期开始之前两周所产的乳。

末乳:也称老乳,即干奶期开始之前两周所产的乳。

常乳(原料乳)必须符合下列要求:采用由健康牛挤出的新鲜乳;老乳和初乳不得使用;不得含有肉眼可以看到的机械杂质;具有新鲜牛乳的滋味和气味,不得有异味;鲜乳的形状为均匀无沉淀的流体,不得有异味,色泽应呈白色或稍带微黄,不得呈红色、绿色或显著的黄色。

3.2.1.2 异常乳的分类及产生原因

生理异常乳:初乳、末乳。

成分异常乳:酒精阳性乳,高酸度乳,低成分乳,混入杂质和风味异常的乳,细菌污染乳。

病理异常乳:乳房炎乳及其他病牛乳。

3.2.1.3 牛乳的组成

乳中各种成分在一定范围内有所变动，其中脂肪变动最大，蛋白质次之，乳糖含量通常很少变化。牛乳的营养价值和质量的好坏，更主要的取决于干物质。

牛乳中含有水分 87.5%～88.5%、蛋白质 2.8%～4.0%、脂肪 2.8%～4.0%、碳水化合物 4.6%～4.9%、无机盐 0.6%～0.8%、磷脂类、维生素、酶、免疫体、色素、气体 5～8 mL/100 mL 及动物所需要的各种微量成分。

3.2.1.4 乳中各成分的分离

蛋白质：胶体状态，不能简单使用过滤和离心法分离，仅可用超速离心法分离。

脂肪：可用静置及离心等方法分离出来。

乳糖和盐类：即使用电子显微镜也难以看到，不能用过滤、静置及离心等方法分离，只能用超滤膜分离。

3.2.2 牛乳成分的化学性质

3.2.2.1 水分

结合水：占 2%～3%，以 H 键和蛋白质的亲水基或和乳糖及某些盐类结合存在。乳粉喷雾干燥或滚筒干燥时，保留 2%～3%的水分。

膨胀水：存在胶粒结构的亲水胶体内，影响因素为：中性盐类、酸度、温度以及凝胶的挤压程度。

结晶水：存在于结晶化合物中，当生产奶粉、炼乳以及乳糖等产品，乳糖含有一分子的结晶水。

3.2.2.2 乳中的气体

新鲜牛乳中以 CO_2 为最多，N_2 次之，O_2 最少。牛乳在冷却过程中多使用表面冷却器，可除去不愉快气味，同时使乳中 CO_2 减低，酸度下降 1 °T。

3.2.2.3 乳脂肪

乳脂肪是乳中可用醚类提取出来的全部脂肪部分，是重要成分之一。牛乳中脂肪球的直径 0.1～10 μm，平均 3 μm。

脂肪的组成：乳脂肪（甘油三酸酯类，占 97%～99%）、磷脂类、固醇类和脂溶性维生素类。

1. 甘油三酸酯类

(1)乳脂肪与其他动植物油脂的比较　乳脂肪中含有20种左右的脂肪酸，而其他油脂仅含有5～7种；含低级（碳14个以下）挥发性脂肪酸达14%，其中水溶性挥发性脂肪酸达8%，其他油脂不足1%。奶油熔点低，25～38℃，在口腔中可融化，质体较柔软。乳中不饱和脂肪酸的复合体是由亚油酸、亚麻酸、花生四烯酸所组成，为必需脂肪酸。

(2)乳脂肪的理化特性

易氧化：脂肪与氧、光线、金属接触时，氧化产生哈败；工艺上，避免使用铜、铁设备和容器，应使用不锈钢设备。

易水解：含低级脂肪酸比较多，即使稍微水解也会产生带刺激性的酸败味。水解起因于乳本身的解脂酶和外界污染的微生物酶。

(3)乳脂肪球的构造及其存在状态　乳脂肪以脂肪球的形式存在于乳中。在乳品加工中脂肪球的大小有重要意义：脂肪球平均直径为3～5 μm，实验证明直径小于0.2 μm的脂肪球不能分离出来，而大于6～10 μm的脂肪球很容易分离。在制作饮用乳和乳粉时，需要均质。

乳在冷却时，乳脂肪结晶，不再是乳浊液，而是悬浊液（固体颗粒）。由于脂肪球表面存在一层由卵磷脂和蛋白质等所构成的薄膜，可保证乳脂肪乳浊液和悬浊液的稳定性。

2. 磷脂类

磷脂由甘油、脂肪酸、磷酸和含氮物组成。乳中含有3种磷脂，即卵磷脂、脑磷脂和神经鞘磷脂。对乳意义最大的为卵磷脂，它是构成脂肪球膜的主要成分。脂肪球在乳中呈乳浊状而不易互相结合的原因，就是因为它的周围有磷脂蛋白质膜的存在。

3.2.2.4　碳水化合物——乳糖

乳汁中碳水化合物主要是乳糖，占总量的99.8%以上。乳糖是一种从乳腺分泌的特有的化合物，其他动植物组织中不含乳糖。在牛乳中约含4.5%，占干物质的38%～39%。乳糖是一种还原性双糖，由一分子的*D*-葡萄糖和一分子的*D*-半乳糖组成。乳糖有3种异构体，即α-含水乳糖、α-无水乳糖和β-乳糖。

乳糖分解和乳糖不耐症：乳糖在乳糖酶的作用下分解成单糖，经微生物分解成酸和其他成分。双糖类中乳糖最难利用。乳糖为双糖，难溶于水，在消化器官内经乳糖酶作用而水解后才能被吸收，如果乳糖被直接注射于血管或皮下，则从尿中排出。婴儿体内乳糖酶活力大，可以在乳粉中强化乳糖；母乳化乳粉，乳糖占50%以上。随年龄的增长，成人体内酶活力下降，对乳糖的消化力下降，导致腹胀、呕吐等乳糖不适症。

在乳浓缩前加入耐高温乳糖酶，可生产适用于乳糖不耐症病人的乳粉。

乳糖的性质：乳糖远较麦芽糖、蔗糖难溶于水。在乳糖酶的作用下分解成单糖，经微生物分解成酸和其他成分，意义很大。乳糖水解后所产生的半乳糖是形成脑神经中重要成分(糖脂质)的主要来源，在婴儿发育期，有重要作用；一部分乳糖被送至大肠中，由于乳酸菌的作用生成乳酸，而抑制其他有害细菌的繁殖，对防止婴儿下痢也有很大作用。乳糖对钙的代谢有密切关系，此外对于防止肝脏脂肪的沉积也有重要作用。

3.2.2.5　乳蛋白质

1.酪蛋白

(1)定义　酪蛋白是牛乳含氮物中，在pH 4.6沉淀的部分。

(2)酪蛋白的性质

物理特性：典型的含磷蛋白质(P：0.8%)，白色无味物质，是形成牛乳乳白色乳状的主要成分。比重1.25～1.31，不溶于水，不溶于酒精等有机溶剂，可溶于碱，可用来提纯酪蛋白。在蛋白酶的作用下分解，热稳定性高(热凝固大于140℃/30 min属于两性电解质。

化学特性：胶粒的动力稳定性：颗粒表面带有负电荷；一层水膜。

对盐类离子的稳定性：α、β酪蛋白对钙、镁离子很敏感，但κ-酪蛋白不敏感性。所以κ-酪蛋白在胶粒表面起保护作用，使胶粒对盐离子的敏感性减弱。

对盐类离子敏感性顺序为：钠、钾离子＜钙、镁离子＜铝离子。

(3)酪蛋白的凝固

酪蛋白的钙凝固：由于乳汁中钙和磷呈平衡状态存在，酪蛋白颗粒具有一定的稳定性，当加入氯化钙时，破坏平衡状态，加热时发生凝固。乳清蛋白一同凝固，几乎比酸法高5%，比皱胃酶法越高10%以上。钙法沉淀的蛋白质中含有大量的钙和磷，在有价值的矿物质上也优越得多。

加醇凝固：2～3 mL牛乳与72%中性酒精等量混合。如果乳稳定，表明乳中颗粒表明带大量负电荷，是新鲜牛乳；否则，不新鲜。72%酒精，不发生沉淀，表明牛乳16～18 °T。一般高酸性乳、初乳、乳房炎乳都会发生酒精凝固。

酪蛋白的酸凝固：普通牛乳pH值约为6.6，以酪蛋白酸钙的形式存在于乳中。加酸后酪蛋白酸钙中的钙被酸剥夺，渐渐地生成游离的酪蛋白，达到等电点时，钙完全被分离，游离的酪蛋白凝固而沉淀。

工业上一般使用盐酸制作无灰干酪素。在制作干酪时，乳酸菌发酵产生乳酸使酪蛋白形成凝块。乳酸是最适合沉淀酪蛋白的酸。

酪蛋白的酶凝固：常用的酶有皱胃酶（牛犊第四胃中）、微生物凝乳酶、木瓜蛋白酶。

作用原理：κ-酪蛋白在凝乳酶的作用下分解成副 κ-酪蛋白和糖肽。糖肽相对分子质量为 6 000～8 000。副 κ-酪蛋白比 κ-酪蛋白对 Ca^{2+} 敏感，形成“钙桥”而凝固，本身对钙不稳定的 αs －和 β 酪蛋白失去保护而与 Ca^{2+} 接触，通过形成钙桥而凝固。

2. 乳清蛋白

定义：在 pH 4.6 时，仍分散在乳清中的蛋白质。其粒子水合能力强，具高度分散性，在乳中呈典型的高分子溶液，甚至在等电点时仍保持分散状态。分为对热稳定和对热不稳定的乳清蛋白，对热稳定的部分为多肽。如果将乳清调整 pH 至 4.6～4.7，煮沸 20 min，则对热不稳定的乳清蛋白分离出来，其中含白蛋白和球蛋白。

3.2.2.6 乳中的矿物质

钙、磷等成分在营养上有重要意义。盐类的构成及其状态对乳的物理化学性质有很大影响，加工时，盐类的平衡成为重要问题。乳中某些金属尤其是铜和铁促进储藏的乳制品产生异常气味。

3.2.3 乳的物理性质

3.2.3.1 感官指标

色泽，白色或稍带黄色；滋味与气味，正常的乳香味，稍带甜味。

3.2.3.2 理化指标

密度，1.030，比重，1.032；乳的冰点，－0.565～－0.525℃；乳的沸点，1 个大气压为 100.17℃。

3.2.3.3 微生物指标

细菌总数，正常 500～1 000 个/mL；污染时大于 50 万个/mL。

新鲜牛乳在 4～10℃储存；4℃时可储存 72 h。

3.2.3.4　乳的酸度

酸度单位，°T。

°T的定义：以酚酞为指示剂，中和100 mL乳所消耗的0.1 N NaOH溶液的毫升数。正常乳的酸度通常为16～18 °T。

自然酸度：刚挤出的正常的鲜牛乳的固有酸度，其来源为酪蛋白，3～4 °T；柠檬酸盐和磷酸盐，10～12°T；CO_2，2 °T。

发酵酸度：牛乳挤出后，存放过程中，由于乳酸菌等微生物发酵产酸而升高的酸度。

总酸度：自然酸度与发酵酸度之和称为总酸度。

滴定酸度：取一定量的牛乳，以酚酞作指示剂，再用一定浓度的碱液（0.1 N NaOH）来滴定，以消耗碱液来表示。

3.2.4　消毒乳的加工

3.2.4.1　消毒鲜乳的概念

消毒鲜乳又称杀菌鲜乳，指以新鲜牛乳为原料，经净化、杀菌、均质、装瓶（或袋）后，直接供应消费者饮用的商品乳。

3.2.4.2　分类

按制品分：全脂消毒乳、强化牛乳、花色消毒乳、再制乳或复原乳。

按加工方法分：低温杀菌牛乳（LTLT），62～65℃/30 min；高温短时间杀菌乳（HTST），80～85℃/5～10 min；80～85℃/15～20 s；超高温杀菌乳（UHT）；普通灭菌牛乳，115～120℃/15～20 min。

3.2.4.3　全脂消毒牛乳（或UHT乳）的生产

1. 消毒乳的工艺流程

原料乳的验收→过滤或净化→标准化→均质→杀菌→冷却→灌装→封盖→装箱→冷却

2. 工艺要点

(1)原料乳的验收。

(2)原料乳的过滤及净化。

过滤及净化的目的：去除乳中的机械杂质并减少微生物的数量。

过滤的方法：常压、减压和加压。

乳的净化：为了达到更高的纯净度，使用离心净乳机。大型工厂使用自动排渣净乳剂或三用分离机。

(3)乳的冷却　当天加工，冷却到 5～10℃；第二天加工 4℃ 以下。目的：抑制细菌的繁殖。

牛乳微生物变化过程可分为 4 个阶段：抗菌期、混合微生物期、乳酸菌繁殖期、酵母和霉菌期。冷却设备：板式热交换器。

(4)原料乳的储存　一般工厂的储奶量不小于一天的处理量。

(5)原料乳的标准化　什么是标准化？就是调整原料乳中的脂肪含量(F)，使乳制品中的脂肪含量和非脂乳固体含量(SNF)保持一定的比例关系。

如何标准化？标准化计算：

计算成品中　$F/SNF=R_1$；计算原料乳中　$F/SNF=R_2$

比较 R_2 和 R_1：若 $R_2<R_1$，添加 F；若 $R_2>R_1$，添加 SNF。$R_2=R_1$，则不需添加。

(6)均质

均质的目的：均质就是将乳中的脂肪球在强力的机械作用下破碎成小的脂肪球。目的是为了防止脂肪的上浮分离，并改善牛乳的消化、吸收的程度。

均质之前要预热到 50～60℃。

均质的原理：均质机是一种高压泵，加高压的牛乳通过均质阀流向低压部时由于剪切和冲击的力量；或者由于通过阀门后随着压力的急剧变化产生爆炸作用和通过阀门时由于产生气泡的破坏作用，也就是所谓空化效应等的力量，使脂肪球破碎。生产消毒奶时所用的均质机，有一段均质和两段均质等。

均质的压力：一级：170 kgf/cm^2；二级：30～60 kgf/cm^2。

(7)杀菌

杀菌的意义：就是为了消灭乳中的病原菌和有害菌、维护公共卫生、保证人民身体健康以及提高乳在储存和运输中的稳定性。

巴氏杀菌的杀菌对象：总体上，致病菌的热致死点较低，60～70℃/1～30 min。工艺上，把结核杆菌作为对象菌，但把大肠杆菌作为病原菌的指示菌，确定杀菌温度和时间。杀菌乳中乳酸菌、酵母、霉菌及一部分耐热性芽孢菌并未被全部杀死，因此杀菌乳并不都是无菌的。

牛乳杀菌(或灭菌)的方法：

高温短时杀菌法　简称 HTST 法，杀菌条件为 72～75℃，或者 80～85℃，

15～20 s。通常采用板式杀菌器进行杀菌。其优点是能连续处理大量牛乳。

超高温灭菌法　又称 UHT 灭菌。处理条件为 130～150℃。0.5～4 s。超高温灭菌法根据加热机的类型，分为直接加热法和间接加热法。UHT 乳属于商业无菌产品，可在常温下长期储藏。有利乐枕式、利乐砖型盒式等不同的包装形式。

(8)乳的冷却、灌装和冷藏

乳的冷却：杀菌后通常将乳冷却至 2～4℃，然后直接分装。

灌装的容器有：玻璃瓶、塑料瓶、涂塑复合纸袋或砖型纸盒等。

冷藏：冷库温度一般为 4～6℃。

3.2.5　酸乳制品及乳酸菌制剂

3.2.5.1　概述

发酵乳系指以牛乳、羊乳或马乳等为原料，经乳酸菌发酵而制成的产品。

酸乳制品的种类有天然酸奶、调味酸奶、果浆(果粒)酸奶等。

酸乳制品对人体健康的 4 个主要作用：抑制腐败产物、防止产气、防止外来菌的感染和增强免疫力。

3.2.5.2　菌种和发酵菌剂

1. 菌种

菌种的表示方法：属、种、菌株。例如德氏乳杆菌保加利亚亚种 ATCC11842。

常用乳酸杆菌有：保加利亚乳杆菌、嗜酸乳杆菌、乳酸乳杆菌。

常用链球菌有：嗜热乳酸链球菌、乳酸链球菌、乳酪链球菌和明串链球菌。

国际通用的菌种：保加利亚乳杆菌与嗜热乳酸链球菌互相配合。

菌种的保存：

液体保存法　保藏期：4℃/1 个月。

冷冻保存法　(液氮罐，－70℃)－25℃/6 个月。

干燥保存法　冰箱/2 年。

2. 发酵剂的制备

发酵剂指生产干酪、奶油、酸乳制品及乳酸菌制剂时所用的特定微生物培养物。

传统的乳酸菌发酵剂分 3 个阶段制造：乳酸菌纯培养物、母发酵剂和生产发酵剂。

凝固型酸奶的工艺流程：

原料乳→净化→标准化→配料(添加脱脂乳粉、蔗糖及稳定剂等)→预热→均质→杀菌→冷却→添加香料(加香酸奶)→添加发酵剂→灌装→培养室培养→冷却→储藏→天然或加香凝固型酸奶

工艺要点：

预热 60～70℃。

均质 160～180 kg/cm^2(有时不均质)。

杀菌 95℃,5 min。

冷却 至43～45℃。

工作发酵剂添加量 3%。

灌装 用零售用小型容器如玻璃瓶或瓷瓶等。

培养室培养 41～43℃,2～3 h。为前发酵阶段,乳酸杆菌的生长繁殖、产酸占优势。发酵结束时60～70 °T。

冷却 在冷库中进行。冷却过程为后发酵阶段,链球菌生长、产香为主。冷却至4～5℃。

产品 酸度90～110 °T,不超过120 °T。

3.2.6 冰激凌的生产

3.2.6.1 冰激凌的定义

以稀奶油为主要原料,加入牛乳、糖类、蛋品、香料及稳定剂等,经杀菌后冷冻成为较为松软的混合物。

3.2.6.2 冰激凌混合料的标准组成

脂肪8%～14%,明胶0.3%～0.5%,无脂干物质8%～12%,蔗糖13%～15%,稳定剂乳化剂等,总干物质32%～38%。

3.2.6.3 工艺流程

原料的配合和标准化→原料的混合 (50～60℃)→杀菌 (62～65℃/30 min;85℃/15 s)→均质 (50～60℃)→冷却、成熟(老化,2～4℃)→凝冻 (−5～−2℃)→包装 (−5～−2℃)→硬化(−25～−20℃)→冷藏 −15℃以下

1.均质目的

(1)可以增加黏度。

(2)防止脂肪上浮和防止冷冻时脂肪呈奶油析出。

(3)改善发泡性,提高膨胀率。

(4)使脂肪膜形成得好,因此乳化状态稳定,成品组织状态良好,耐保藏。

2.成熟作用

(1)黏稠度增加,提高成品的膨胀率,改善组织状态和稳定性。

(2)成熟对混合料中脂肪、明胶和蛋白质的作用。

3.2.7 乳粉生产工艺

3.2.7.1 乳粉

用加热或冷冻等方法除去乳与乳制品中绝大部分的水分,干制成粉末状的制品,统称为乳粉。

全脂加糖乳粉的生产工艺:

原料乳的验收→乳的预处理和标准化→乳的杀菌→浓缩→喷雾干燥→冷却与储存→包装→成品

3.2.7.2 杀菌

1.主要目的

(1)病原菌全部杀灭,腐败菌大部分被杀死。

(2)破坏蛋白酶、解脂酶、过氧化物酶等。

(3)在热工学方面,还起到把乳温提高到蒸发器内沸点以上的作用(自蒸发)。

2.杀菌依据

(1)以钝化解脂酶为确定工艺的依据。

(2)考虑杀菌工艺对成品溶解度的影响。

3.杀菌时间

列管式杀菌器:80～85℃,5～15 min。

双效和多效降膜蒸发器:逐层预热,90～95℃,保温 10～15 s。

3.2.7.3 真空浓缩

优点:

(1)经济效益好,成本低。真空浓缩锅中,蒸发 1 kg 水分需要消耗约 1.1 kg

加热蒸汽；双效降膜蒸发器需 0.39 kg 加热蒸汽；喷雾干燥室内每蒸发 1 kg 水分，需要 2.5～3.0 kg 加热蒸汽。

(2)真空浓缩对乳粉的物理性状有显著影响。浓缩后乳粉粒子粗大，有良好的分散性和冲调性。

(3)真空浓缩可改善乳粉的保藏性。

(4)浓缩后，乳粉颗粒致密，密度大对包装有利。

3.2.7.4 喷雾干燥

1.特点及原理

(1)喷雾干燥是喷雾和干燥的密切结合，用单独一次工序将浓缩乳干燥成乳粉。

(2)采用机械力量，通过雾化器将浓缩乳在干燥室内喷成极细小的雾状乳滴，使比表面积大大增加，同时与热空气接触，水分瞬间大量蒸发。

(3)可将物料中含有 50%～70%水分迅速干燥成为水分为 2.0% 左右的粉状成品。

2.喷雾干燥的优、缺点

优点：

(1)干燥速度快，物料受热时间短。

(2)干燥过程温度低，乳粉品质好。

(3)调节工艺参数，可以控制成品的质量指标。

(4)在密闭空间内干燥，产品不易受污染，产品杂质度很低。

(5)操作控制方便，适合于连续化、自动化、大型化生产。

缺点：

(1)热效率低。

(2)干燥室体积较庞大，粉尘回收装置比较复杂。

(3)设备清扫工作量大。

3.2.7.5 乳粉的理化性质与工艺分析

1.乳粉的密度

(1)表观密度：单位容积中乳粉的重量。

(2)容积密度：也叫颗粒密度，反映颗粒组织的松紧状态，包括颗粒内的气泡，不包括颗粒之间空隙的空气。

(3)真密度:完全不包括空气的乳粉本身的重量。全脂乳粉<脱脂乳粉。

表观密度越大对包装越有利;调整浓缩乳的温度和浓度,以调整乳粉的容积密度,容积密度↓,冲调性↑,但储藏性↓。

2.乳粉水分及其控制

GB	特级	Ⅰ级	Ⅱ级
水分含量	2.25%	2.5%	3.0%

水分的控制:控制干燥室的排风温度或排风的相对湿度。

3.乳粉的"溶解度"与蛋白质状态

溶解度:表示乳粉当用水冲调时复原性能是否良好,借以反映原料乳的质量及其在热处理过程中蛋白质变性的程度。

若在加工过程中乳固体基本未受损害,则可达99.9%;若受损严重,溶解度小于95%。不溶性成分——变性的酪蛋白酸钙。

影响溶解度的因素:

(1)原料乳的新鲜程度(酸度,异常乳)。

(2)加工方法及操作条件:主要是加热条件。

(3)成品水分含量:水分含量高,则溶解度下降。

(4)成品保藏时间和保藏条件(温、湿度)。

4.乳粉的颗粒状态与冲调性能(速溶度)

冲调性:即速溶度,在一定温度下,将一定量的乳粉与水(100 mL)混合,加以一定强度的搅拌,一定时间后,将未溶解部分分离出去,测定乳液浓度。

冲调性与颗粒大小:冲调性随着乳粉颗粒平均直径的增大而提高,工艺上采取增大粒径或细粉回喷复聚等途径。

冲调性和溶解度:都是表示乳粉遇水复原性能的优劣的指标;不同之处为溶解度是乳粉的最终溶解程度;冲调性为表示乳粉的溶解速度。

5.乳粉中乳糖的状态与乳粉的吸湿性

玻璃态乳粉具有很强的吸湿性,乳粉易结块。

6.乳粉中脂肪的状态

全脂乳粉中含有26%以上的乳脂肪,一般以脂肪球形式存在于乳粉颗粒内部。如果游离脂肪酸增加,容易凝集于颗粒表面,致使乳粉容易氧化变质,冲调性能也差。

滚筒式干燥乳粉游离脂肪可达91%~96%;喷雾式乳粉为3%~14%。温度(高)、摩擦会增加游离脂肪含量。

3.3 果蔬加工工艺学

果蔬为含水量丰富的易腐食品，极易腐败变质，水果、蔬菜只有通过加工才能达到保藏的目的。果蔬加工即以新鲜果蔬为原料，依其不同的理化特性，采用不同的物理、化学方法制成不同制品的过程。主要制品：果干、菜干、果蔬罐头、果汁、菜汁、果酒、果酱、果脯蜜饯以及冷冻果蔬等。

3.3.1 果蔬加工保藏基础

3.3.1.1 构成果蔬组织的细胞

果蔬组织由各种不同的细胞组成，细胞的形状、大小随果蔬种类和组织结构而不同。一般细胞的直径在 10～100 μm。细胞由细胞壁、细胞膜、液泡及内部的原生质组成，它们的性质与结构与果蔬的加工有一定的关系。

细胞壁：由纤维素和半纤维素组成。

中胶层：植物细胞壁与细胞壁之间存在的一层物质，由原果胶和半纤维素、纤维素等物质组成。

细胞膜：磷脂等组成的液晶态物质，具有半透性，维持正常生理代谢作用。

膨压和质壁分离现象：由于植物细胞壁为全透性，水和营养物质可以自由进出，而细胞膜为半透性物质，故细胞液经常可以保持较高的浓度，且有一定的渗透压。若置于低浓度的外界溶液中，会产生渗透现象，水分从外部渗入细胞内部，原生质施加压力于细胞壁中产生膨压。相反，若将细胞置于浓溶液中，细胞中水分会向外渗出，原生质失水，其体积缩小，产生质壁分离的现象。细胞的这些特性在干制、糖制及冷冻加工中很重要。

液泡：充满汁液的泡状物，含 90％ 水分，是营养物质的储存场所，含有无机盐、有机盐、糖类、植物碱、单宁、花色素等水溶性物质。

原生质体：细胞内具有生命活性的物质，包括细胞质、细胞核、线粒体、高尔基体和质体等。

3.3.1.2　各种水果的组织特性

核果类：如桃、李、梅和杏等。其果实由果皮、薄壁的果肉组织及木质化的核组成。其特点是顶部无残存的花萼，果实有合缝线。可食部分由大型的薄壁细胞组成，细胞多汁。果实纤维的多少与粗细是果品质量的重要指标；果皮易采用碱液去皮。

仁果类：代表为苹果和梨。外表皮角质化，化学去皮较难；梨果肉中含有一定的石细胞；种子在种腔中，应全部去净。

浆果类：多汁浆状，柔软。有草莓与树莓类、醋栗类、葡萄与番茄类。适合制取果酱与果汁。

柑橘类：果实结构与其他种类的差别较大。可大致划分为黄皮层、白皮层和囊瓣、中心柱等几部分。黄皮层上含有圆球状的油腺，压破之后可释放精油。白皮层含有果胶物质、苦味物质和橙皮苷等糖苷。果蔬成熟后囊瓣内含有果汁及其他营养成分。囊瓣壁由果胶物质及纤维素、半纤维素组成。

3.3.1.3　果蔬化学成分与加工性质

1. 碳水化合物

果蔬中的碳水化合物主要有单糖、双糖和多糖。糖是成熟果蔬体内储存的主要营养物质，是影响制品风味和品质的重要因素，也是微生物可以利用的主要营养物质。糖的各种特性如甜度、溶解度、水解转化、吸湿性和沸点上升等均与加工有关。还原糖是产生非酶褐变的重要物质，糖本身在高温下易发生焦糖化作用。果蔬所含有的主要多糖有淀粉、纤维素、半纤维素及果胶物质。

果胶物质是由多聚半乳糖醛酸脱水聚合而成的长链高分子物质。在果蔬组织中以原果胶、果胶和果胶酸几种不同的形式存在，各种形式有不同的特性，从而影响果蔬的耐藏性和工艺特性。

原果胶不溶于水，存在于植物细胞壁之间的中胶层内，功能是使细胞之间黏接，未成熟的果蔬中含量丰富，故果蔬质地坚硬。随着果蔬的成熟与老化，原果胶水解成水溶性果胶，组织崩溃软烂，在苹果和某些梨中表现发绵。果胶在果胶酯酶的作用下脱酯化而成果胶酸。它不溶于水，无黏性。果胶酸还可在多聚半乳糖醛酸酶的作用下生成短链或单个的半乳糖醛酸，上述变化是果实成熟后软烂的主要原因。

2. 有机酸

果蔬依种类、品种和不同的成熟度和不同的组织部位含有各种有机酸，它们在组织中或以游离态或以酸式盐的形式存在，它们与糖一起决定着果蔬及其制品的风味，对加工处理也有一定的影响。

果蔬所含主要有机酸为柠檬酸、苹果酸、酒石酸、草酸等。其特点是常以1～2种为主，如苹果、樱桃主要含苹果酸；桃、杏含苹果酸和柠檬酸；柑橘类、番茄主要含柠檬酸；菠菜、竹笋、甘薯含有草酸。

3. 维生素

果蔬含有多种维生素，是人体维生素物质的主要来源之一，其主要的种类有维生素B和维生素C、维生素A原——β-胡萝卜素。

4. 含氮物质

主要为蛋白质和氨基酸类。与还原糖起化学反应产生非酶促褐变。氨基酸与制品的风味有关。

5. 色素物质

叶绿素：酸性条件下褐变，碱性稳定。

花色素：氧气、光线、高温及维生素等影响；pH值的影响：酸性红色，中性紫色，碱性蓝色。与金属离子反应生成盐类。

类胡萝卜素：脂溶性色素。

6. 单宁

对风味的影响：其收敛味对果蔬制品的风味影响很大。对色泽的影响：遇铁变黑；遇碱变蓝色。单宁的抑菌作用。单宁易与蛋白质结合发生沉淀，这被用来澄清和稳定果汁、果酒。单宁物质，包括所有含有邻苯二酚结构的酚类物质是果蔬发生褐变的主要物质。导致酶促褐变。

3.3.2 果蔬加工原料及预处理

果蔬加工对原料的要求、果蔬加工前处理，包括原料的分级、清洗、去皮、原料的修整、烫漂、抽空处理、工序间的护色和保藏等工序的加工原理和具体工艺。

3.3.2.1 果蔬加工对原料的要求

原料的好坏就直接决定着制品的质量。果蔬加工对原料总的要求是要有合适的种类、品种，适当的成熟度和良好、新鲜完整的状态。

3.3.2.2 果蔬加工前处理

果蔬加工前的处理对制成品的生产影响很大，如处理不当，不但会影响产品的质量和产量，而且会对以后的加工工艺产生影响。

果蔬制品的前处理包括：原料的选别、分级、清洗、去皮、修整、切分、破碎、烫漂（预煮）、抽空处理等。在这些工序中，去皮后还要对原料进行各种工序间的护色处理，以防果蔬原料产生变色，品质劣变。

烫漂（预煮）：

1. 烫漂的主要目的

(1)钝化酶，防止酶褐变。这在速冻与干制品中尤为重要。

(2)软化或改进组织结构。

(3)稳定或改进色泽。由于空气的排出有利于罐头制品保持合适的真空度；对于含叶绿素的果蔬，色泽更加鲜绿；不含叶绿素的果蔬则变成所谓的半透明状态，更加美观。

(4)除去果蔬的部分辛辣味和其他不愉快气味。

(5)降低果蔬中的污染物和微生物数量。

2. 烫漂的方法

果蔬烫漂常用的方法有热水和蒸汽两种。热水烫漂的优点是物料受热均匀，升温速度快，方法简便；缺点是可溶性固形物损失多。

工序间的护色：去皮或切分后，与空气接触会迅速变为褐色。这种褐变主要是酶促褐变。其关键的作用因子有酚类底物、酶和氧气，护色措施均从排除氧气和抑制酶活性两方面着手。常用的护色方法有烫漂护色、食盐水护色、亚硫酸盐溶液护色、有机酸溶液护色、抽空护色。

3.3.3 干制——果蔬脆片和脱水蔬菜

包括干制保藏的基本理论、以柿饼为例介绍自然干制技术、以苹果脆片为例介绍果蔬脆片的加工技术。重点果蔬干燥机理和干燥过程中的变化。

3.3.4 果汁、菜汁的加工

3.3.4.1 果汁加工基本工艺

原料→预处理（分级、清洗、挑选、破碎、加热处理和酶处理）→打浆→榨汁或浸提→澄清→过滤→调整和混合→均质→脱气→{浓缩→芳香物回收}→成分调整→包装和杀菌→冷却成品

1.果汁的制取

(1)压榨法　破碎→预煮→榨汁

破碎:提高出汁率

预煮:破坏细胞膜结构,使果肉软化,果胶水解,抑制酶活等。

榨汁:冷榨法和热榨法。

(2)浸提取汁　适用于含汁液较少的果蔬原料,如山楂;对物料加热到50～65℃,以达到浸提的目的。一般采用间歇逆流四级浸提法(可考虑果胶酶的配合使用)。一般比压榨法的出汁率高20%～30%。

2.澄清技术常用的澄清方法

自然澄清法、明胶单宁澄清法、加酶澄清法、热凝聚澄清法、冷冻澄清法。

3.3.4.2　果汁饮料加工技术

果蔬汁饮料工艺流程:

原辅料调合→过滤→脱气→杀菌→装瓶→密封、冷却→成品

果蔬汁饮料的工艺要点:

(1)确定果蔬原汁含量和糖酸比　绝大多数果汁的糖酸比为(13～15):1,果汁饮料的糖酸比一般大于果汁,适宜的糖酸比来自于市场调查。

(2)调合　调合是果蔬汁饮料设关键工艺。果汁饮料一般是先将白砂糖溶解配成55%～65%的浓糖浆,储存备用,再依次加入预先配制成一定浓度的甜味剂、防腐剂、柠檬酸、色素、香精等添加剂和原果汁。蔬菜汁一般需要用食盐、味精调配。最后用软饮料用水定容、过滤。生产混浊汁饮料还需要均质、脱气。

(3)脱气　真空条件8～9.3 kPa(60～70 mmHg)。

(4)杀菌　93～95℃,瞬时杀菌,板式换热器。

(5)装填　除纸质容器外几乎都是热装填。

(6)密封倒置(瓶或罐盖杀菌)　30～60 s。

(7)喷射冷水冷却至38℃以下。

3.3.5　糖制品

3.3.5.1　果蔬糖制的基本原理

原料糖的种类:如白砂糖、饴糖、淀粉糖浆、果葡糖浆、蜂蜜等。

不同种类糖的特性:包括糖的溶解度与晶析、糖的转化、糖的吸湿性、甜度、糖的浓度与沸点等。

果胶的凝胶特性:果糕、果冻、果酱、果泥等都是利用果胶的凝胶作用来制作的。果胶制备的方法根据果胶类型的不同有两种,分为高甲氧基果胶和低甲氧基果胶。总结各自的特点。

食糖的保藏作用:果蔬的糖制是以食糖的防腐保藏作用为基础的方法,糖制品要做到较长时间的保藏,必须使制品的含糖量达到一定的浓度。食糖本身对微生物无毒害作用,低浓度的糖还能促进微生物的生长。高浓度糖对制品的保藏作用主要有以下几个方面:

(1)高浓度的糖液是微生物的脱水剂。

(2)高浓度糖液降低制品的水分活性。

(3)高浓度糖液具有抗氧化作用。

(4)高浓度糖液能加速脱水吸糖。

3.3.5.2 糖制品的分类及特点

按加工方法和产品的形态,可将果蔬糖制品分为蜜饯类和果酱类。

蜜饯按产品形态及风味进行分类:湿态蜜饯、干态蜜饯和凉果类。果酱类按制法和产品性质可分为果酱、果泥、果冻、果糕、果丹皮、马茉兰等。

3.3.5.3 蜜饯和话梅的加工工艺

蜜饯加工的常见工艺:

原料的选择→选别分级→去皮、切分、切缝、刺孔→盐腌→保脆和硬化→硫处理→染色→漂洗和预煮→糖制→烘晒与上糖衣→包装与储藏

1. 原料选择

保持果实或果块形态,要求原料肉质紧密,选择耐煮性强的品种。果蔬成熟度方面,要求在绿熟-坚熟时采收。蜜枣类,宜选用果大核小,质地较疏松的品种。

2. 盐腌

用食盐或加用少量明矾或石灰腌制得到盐胚。盐胚只作为南方凉果制品的原料,起到保藏、四季加工的作用。盐胚腌制包括盐腌、曝晒、回软和复晒 4 个过程。

3. 保脆和硬化

目的:提高原料的耐煮性和疏脆性,在糖制前对原料进行硬化处理。

原理:钙镁离子与原料中的果胶物质生成不溶性盐。

方法：用0.1%的氯化钙与0.2%～0.3%的亚硫酸氢钠混合液，浸泡30～60 min，起护色兼保脆的双重作用。此外还可以加入明矾，明矾具有触媒作用，能提高樱桃、草莓、青梅的染色效果。

例如草莓、樱桃用含有0.75%～1.0% SO_2 的亚硫酸与0.4%～0.6%的 $Ca(OH)_2$ 混合液浸泡，可防腐烂兼硬化的目的。

注意：在糖制前需经漂洗除去残余的硬化剂。

4. 硫处理和染色

硫处理的目的是抑制氧化变色，获得色泽清淡而半透明的制品。可浸入含0.1%～0.2% SO_2 的亚硫酸溶液中数小时，后脱硫。

天然色素无毒、安全，但染色效果和稳定性较差。人工色素具有着色效果好、稳定性强等优点，但不得超过GB 2760—1996国家规定的最大使用量。我国规定可以使用的合成色素有8种：苋莱红、胭脂红、赤藓红、新红、柠檬黄、日落黄、亮蓝、靛蓝等。南方凉果类制品中，多数用柠檬黄染色，红色果品用胭脂红或苋莱红素染色；绿色可用柠檬黄和靛蓝按6∶4比例调配。

5. 漂洗和预煮

凡经上述处理的原料，糖制前均需漂洗或预煮，除去残留的二氧化硫、食盐、染色剂、石灰或明矾，避免对制品外观和风味产生不良影响。预煮还具有排氧、钝化酶，防止氧化变色和脱苦、脱涩的作用。

6. 糖制

糖制是蜜饯类加工的主要工艺。糖制过程是果蔬原料排水吸糖过程，糖液中糖分以来扩散作用进入组织细胞间隙，再通过渗透作用进入细胞内，最终达到要求的含糖量。糖制方法有蜜制（冷制）和煮制（热制）两种。蜜制是用于皮薄多汁、质地柔软的原料；煮制适用于质地紧密、耐煮性强的原料。

(1)蜜制（冷制） 适用于皮薄多汁、质地柔软的原料，如糖青梅、糖杨梅、樱桃蜜饯、无花果蜜饯等。其特点是不加热，色香味和营养价值高。常见的蜜制方法有：分次加糖法、一次加糖多次浓缩法、减压蜜制法、蜜制干燥法。

(2)煮制（糖煮） 煮制适用于质地紧密、耐煮性强的原料，如苹果脯、蜜枣等。其特点是缩短加工期，色香味较差，维生素损失多。常见的煮制方法有：一次煮制法、多次煮制法、快速煮制法、减压煮制法以及扩散煮制法等。

7. 烘晒与上糖衣

除糖渍蜜饯外，多数制品在糖制后需行烘晒，除去部分水分，使表面不黏手，利于保藏。烘烤温度不宜超过65℃。烘烤后，要求保持完整、饱满、不皱缩、不结晶，质地柔软，含水量在18%～22%，含糖量60%～65%。

制糖衣蜜饯时，在干燥后用过饱和糖液浸泡一下，取出冷却，制品表面形成一层糖衣薄膜。

8. 包装和储藏

干燥后的蜜饯应及时整理或整形，以获得良好的商品外观。如杏脯、蜜枣、橘饼等。干态蜜饯以防潮和防霉为主，常用阻湿阻气性好的包装材料，如符合塑料食品包装袋、铁听等。带汁的糖渍蜜饯，常以罐头形式包装，密封后用 90℃进行巴氏杀菌 20～30 min，冷却。

储藏的库温控制在 12～15℃，避免低于 10℃而引起蔗糖晶析；相对湿度（RH）控制在 70％以下。

3.3.6 蔬菜腌渍——酱腌菜的生产

3.3.6.1 蔬菜腌渍品的种类

按发酵程度分为发酵性蔬菜腌渍品和非发酵性蔬菜腌渍品。

发酵性蔬菜腌渍品包括酸菜类和泡菜类。

非发酵性蔬菜腌渍品包括咸菜类（腌白菜、腌雪里蕻）、酱菜类和糖醋菜类（如糖醋大蒜头、酸辣萝卜等）。

3.3.6.2 腌渍品保存原理

蔬菜腌制主要是利用食盐的防腐保藏作用、乳酸菌发酵产酸的抑菌作用（个别产品有酒精发酵或醋酸发酵）、微生物发酵导致蛋白质的分解作用以及其他生化作用，抑制腐败微生物活动和增加产品的色、香味，其变化过程复杂而缓慢。香料不仅改进风味，在不同程度上增加了防腐保藏作用。此外，腌制的卫生条件是防腐的重要因素。

影响腌制的因素有食盐浓度、酸度、温度、气体成分（是否厌氧）、香料原料含糖量与质地和腌制卫生条件等。

3.3.6.3 泡菜的加工

1. 工艺流程

原料的选择→择菜、清洗→切分→盐渍→泡制（发酵）→出坛

2. 工艺要点

原料的选择：泡菜以脆为贵，常用的蔬菜有萝卜、胡萝卜、卷心菜、球形白菜，混

合搭配。此外还用红辣椒作为配菜。原料要求鲜嫩适度，冲洗干净，沥干水分。

切菜：萝卜、胡萝卜等切成条形，5～10 mm 宽、5～8 cm 长，卷心菜、白菜切成小块，红辣椒保持完整或切成段。

盐渍：配制2%～6%的盐水，将洗净的蔬菜在其中浸渍一下，目的是利用食盐渗透压除去菜中的部分水分、杀死部分腐败菌，同时能保持正式泡制时的盐水浓度。

泡制：将蔬菜放入盐水中进行泡制，盐水根据需要配制成从2%到10%不等，同时加入20%～30%的老汤（老酸水）和适量的调味料。为增进泡菜的品质和风味，一般在盐水中加入2.5%白酒、2%红糖，有些泡菜还加入酒酿。常用的香辛料有八角、花椒、白菌、排草等。香辛料放在纱布袋中，泡在盐水中。泡制在专用的泡菜坛子中进行。

3. 腌渍品色与味的保持

倒缸（也叫翻缸或换缸） 由于蔬菜集中，呼吸作用加强，散发出大量水分和热量，如不及时排除热量，就会使蔬菜的叶绿素变为植物黑质而失去其绿色。

掌握食盐用量 一般盐液浓度应在10%～25%，这样，既能抑制微生物的活动，又能抑制蔬菜的呼吸作用，可防止叶绿素在高温条件下发生“棉物黑质”的变化。

腌渍品的保绿与保脆 碱水有保持绿色的作用，主要由于蔬菜的酸被中和，去除了植物黑素的形成因素；另外，石灰乳、碳酸钠、碳酸镁都是碱性物质，都有保持绿色的作用。具体的方法为：

(1)把蔬菜在铝盐或钙盐的水溶液内进行短期浸泡，或在腌渍液内直接加入钙盐。

(2)用微碱性水浸泡（因其含有氯化钙、碳酸氢钙、硫酸钙等几种钙盐）。

(3)石灰和明矾是我国民间常用的保脆物质，添加量以菜重的0.05%为宜。

3.3.7 速冻蔬菜

3.3.7.1 冷冻保藏

冷冻保藏是将经过处理的果蔬原料采用快速冷冻的方法使之冻结，然后在－20～－18℃的低温中保藏。纯水结冰时，体积增大约9%，冰晶的体积越大，对细胞的机械损伤越严重。冰晶形成的大小与晶核的数目有关，晶核的数目多少与冷冻速冻有关。

缓冻：冰晶体主要在细胞间隙中形成，胞内水分外流，原生质体中无机盐浓度不断上升，达到足以沉淀蛋白质，使其变性，造成细胞死亡。晶核数目少，晶体体积大，造成机械损伤，细胞破裂，汁液外流，果蔬软化。

速冻：冰晶在细胞内外同时形成数量多、分布又比较均匀的晶核、冰晶小，对细胞的损伤小，品质好。细胞间隙没有扩大，对细胞膜和原生质的损害极微。

一般认为，冷冻造成的组织破坏、软化、流汁等是由于晶体膨大造成的机械损伤。

3.3.7.2　速冻蔬菜的定义和特点

定义：速冻蔬菜是将经过处理的果蔬原料采用快速冷冻的方法使之冻结，然后在－20～－18℃的低温中保藏。

特点：此法不同于新鲜果蔬的保藏，属于果蔬的加工范畴。原料已不是活体，但成分变化极小，是保存风味和营养素较为理想的方法。

3.3.7.3　冷冻对果蔬的影响

1.对果蔬组织结构的影响

增加细胞膜的通透性，降低膨压。缓冻对果蔬品质的影响很大。速冻对细胞膜和原生质的损害极微。一般认为，冷冻造成的组织破坏、软化、流汁等是由于晶体膨大造成的机械损伤。

2.果蔬在冻结和冷藏期间的化学变化

色泽：由绿色变为灰绿色；褐变。

风味：积累羰基化合物和乙醇等，产生挥发性异味。

质地：软化（果胶酶，汁液流失）。

营养成分：冷冻前的处理造成维生素的损失。

3.3.7.4　冷冻对微生物的影响

大多数微生物在低于0℃的温度下使之活动可被抑制；霉菌和酵母比细菌耐低温的能力更强，但低温下生育及活动逐渐减弱。

原料在冷冻前易被感染，因此要求在包装前将原料冷却至冰点。冷冻抑菌，但会有部分霉菌、酵母和细菌存留。一旦解冻后，温湿度合适，残存的微生物活动加剧，会造成腐烂变质。

3.3.7.5 速冻蔬菜的加工工艺

1. 工艺流程

原料选择→预冷→清洗→去皮、切分→烫漂→沥干→快速冷冻→包装

2. 工艺要点

(1)烫漂　烫漂目的:抑制酶的活性,软化纤维组织,去掉辛辣涩味。适合于热烫的品种:含纤维素较多的,如豆角、芹菜、蘑菇等。不宜烫漂的品种:青椒、黄瓜、角瓜、番茄。烫漂温度:90～100℃,品温70℃以上;烫漂时间1～5 min;菜水比为1∶3。

烫漂后冷水降温至10～12℃。

(2)速冻　冻结温度常用－35℃。速冻方法和设备如下:

隧道式鼓风冷冻法　冷空气－38～－34℃,风速30～1 000 m/min。

流动床式冻结器　带孔传送带,冷风温度在－35℃以下。

板式冻结器　冷冻板降温到－35℃以下。

3.3.7.6 速冻果蔬的储藏以及解冻

速冻果蔬的储藏:温度维持在－18℃;库温相对稳定以防止再结晶作用;采用不透气的塑料薄膜包装;防止冰的升华。

解冻:解冻后立即食用,切忌室温下搁置时间过长。解冻越快,对色泽和风味影响越小。解冻方法有:冰箱中;室温下;冷水或温水中;微波炉中:解冻迅速而均匀。

3.4 面食制品加工技术

3.4.1 原辅材料

3.4.1.1 小麦的品种与品质规格

小麦规格标准:我国小麦分冬小麦和春小麦,各类小麦按体积质量分为5等,以3等为中等标准,低于5等为等外小麦。

3.4.1.2　面粉的化学成分及性质

1. 水分

国标规定 13%±0.5%。

2. 蛋白质

8%～14%。麦胶蛋白为醇溶性蛋白，等电点 pH 6.4～7.1；麦谷蛋白溶于稀酸或稀碱，等电点 pH 6～8。二者均为不溶性蛋白，占 80%，是面筋的主要成分。

3. 碳水化合物

占麦粒重的 70%，面粉中的 75%，包括淀粉、糊精、纤维素、游离糖和戊聚糖等成分。淀粉主要在胚乳，糖在胚芽及糊粉层，这两种占麦粒 70%(db)以上，以淀粉为主，糖约占 10%，随着麦粒成熟，糖大多转化为淀粉。

4. 脂肪

脂肪存在胚芽和糊粉层中，含量少，小麦中 1%～2%，虽是营养成分，多由不饱和脂肪酸组成，易氧化酸败使面粉或制品变味，制粉过程中一般除去。面粉中脂肪更少，低于 1%。

5. 维生素

胚芽中含有丰富的维生素 E。小麦中维生素 B_1、维生素 B_2、维生素 B_5 较多，还含有少量的维生素 A，微量的维生素 C，但不含有维生素 D。

6. 矿物质

小麦中的矿物质以灰分来测定。矿物质(钙、钠、磷、铁等)以盐类存在，将小麦或面粉完全燃烧之后的残留物绝大部分为矿物质盐类，也叫灰分。麦粒中占 1.5%～2.2%。

面粉中灰粉很少，灰分大部分在麸皮中，小麦粉以灰分来分级，表示麸皮的除去程度。

7. 面粉中的酶类

包括淀粉酶、蛋白酶和脂肪酶。

3.4.1.3　小麦粉的分类

按用途划分工业用和食品专用面粉。工业用面粉一般为标准粉和特二粉，用于生产谷朊粉、淀粉、黏结剂等。食用面粉分成三大类：通用粉、专用粉和配合粉。

我国面粉品种是按灰分多少，粗细度等为标准进行分类。

3.4.1.4　面团及其工艺性能

面团是面粉加适量水经机械搅拌或手工揉搓后得到的，具有一定弹性和延伸性，柔软而光滑的团块。面筋是将面团在水中轻轻揉洗时，可溶部分溶解于水，淀粉和麸皮微粒等呈悬浮态脱离出来，最后剩下的具有一定弹性和延伸性的软胶物质就是面筋。面筋中的蛋白质主要是麦胶蛋白和麦谷蛋白，约占80%。

面筋质量和工艺性能指标：

弹性　湿面筋被压缩或拉伸后恢复原来状态的能力。

延伸性　湿面筋被拉长至某长度后不断裂的性质。

可塑性　湿面筋被压缩或拉伸后不能恢复原来状态的能力。

韧性　面筋被拉伸时所表现的抵抗力。弹性强的面筋韧性也好。

比延伸性　以面筋每分钟能自动延伸的厘米数表示。

制作面包要求弹性和延伸性都好的面粉，国际上通用粉质仪、拉伸仪进行综合测定。

3.4.2　常用辅助材料

在面食制品的加工中常用辅助材料有：油脂、糖类、蛋品、乳品和酵母等。

3.4.2.1　油脂

面制食品中常用的油脂有：动物油脂，猪油、牛、羊脂、奶油（黄油）；植物油，花生油、棕榈油、芝麻油；氢化油（硬化油）等。

起酥油：能使面制食品起显著疏松作用的油脂。

人造奶油（麦淇淋）：以氢化油为主要原料，添加适量的牛乳、色素、香料、乳化剂、防腐剂、抗氧化剂、试验和维生素，经混合、乳化等工序而制成。

油脂在面食中的工艺性能：油脂的增塑作用、起酥作用、充气作用和润滑作用。

3.4.2.2　糖类

面食制品中常用的糖类有以下几种，蔗糖、饴糖、淀粉糖浆、转化糖浆和果葡糖浆。

糖类的作用包括4个方面：反水化作用、焙烤色泽、酵母生长、利于储藏。

3.4.2.3　蛋品

其中蛋白具有起泡性，蛋黄具有乳化性，鸡蛋还具有凝固性。

蛋品的作用：改善面食制品的色香味和提高营养价值。

3.4.2.4 酵母

酵母的种类:压榨酵母、活性干酵母和即发活性干酵母。

酵母在面包中的作用有:

(1)使面包体积蓬松,酵母在面团发酵中产生二氧化碳和酒精。

(2)改变面包的风味,酒精和面团中的有机酸,在焙烤时形成酯类,具有酯香。

(3)增加面包的营养价值,酵母中含大量的蛋白质和B族维生素。

3.4.3 面包

面包的分类和面包加工技术。主要讲授二次发酵法的面包的配方和生产工艺流程。掌握面筋的形成过程、面团发酵的基本理论以及面包的烘焙工艺。

3.4.3.1 面包的配方

普通面包配方见表3.1。

表3.1 普通面包配方

种类	原辅材料										
	标准粉	酵母	砂糖	食盐	植物油	饴糖	鸡蛋	甜味料	瓜条	青梅	果脯
圆甜面包	100	0.5	12	0.3	1.5	1.9	0.6	0.021	—	—	—
主食面包	100	0.5	3	0.4	—	—	—	0.021	—	—	—
水果面包	100	0.5	10	0.3	1.7	0.21	—	0.022	1.6	7.9	6.3

(摘自《现代食品生产》,吴祖光主编,中国农业大学出版社。)

3.4.3.2 二次发酵法的面包生产工艺流程

种子面团搅拌→发酵→主面团搅拌→延续发酵→分块→搓圆→中间醒发→压片→成型→装盘装听→最后醒发→烘焙→冷却→整理→包装→成品

1.调粉(面团搅拌)

面团搅拌也俗称调粉、和面,它是影响面包质量的决定性因素之一。

面团搅拌的6个阶段:原料混合阶段 、面筋形成阶段、面筋扩展阶段、搅拌完成阶段、搅拌过渡阶段和破坏阶段。

搅拌投料顺序:先将水、糖、蛋、面包添加剂置于搅拌机中充分搅拌,使糖全部溶化,面包添加剂均匀地分散在水中,能够与面粉中的蛋白质和淀粉充分作用;将奶粉、即发酵母混入面粉中后放入搅拌机中搅拌成面团(如果使用压榨酵母和活性干酵母则应先用温水活化);当面团已经形成,面筋还未充分扩展时加入油脂;最后加盐,一般在面团中的面筋已经扩展,但还未充分扩展或面团搅拌完成前的5～6 min加入。

影响面团温度的因素有面粉和主要辅料的温度、室温、水温、搅拌时增加的温度等。面包面团的理想温度为26～28℃,搅拌时间15～20 min。

2.面团发酵

面团发酵是面包加工过程中的关键工序。

(1)面团发酵的机理　面团发酵是由酵母的生长繁殖来完成的。酵母利用面团中的营养物质,在氧气的参与下进行增殖,产生了大量的二氧化碳气体和其他物质,使面团蓬松,通过烘焙后制成适口的面包。酵母发酵有助于面团结构发生必要的变化,达到最佳的弹性和延伸性,为后续工艺中面包体积最大限度地膨胀创造了条件。酵母在发酵过程中能产生多种复杂的化学芳香物质,增进了面包特有的风味。面团发酵过程中,单糖是酵母最好的营养物质,有时必须在面团中添加可发酵的糖,才能保证面团正常发酵。面粉中含有大量的淀粉和一些淀粉酶,在面团发酵过程中,淀粉在淀粉酶的作用下水解成麦芽糖。在发酵时酵母本身可以分泌麦芽糖酶和蔗糖酶,将麦芽糖和蔗糖水解成单糖供酵母利用。酵母是一种典型的兼性厌氧微生物,其特性是在有氧和无氧条件下都能存活。面团发酵的初期,在氧的参与下,进行旺盛的呼吸作用,分解产物为二氧化碳和水,并放出一定的能量。随着二氧化碳气体逐步增加,面团的体积逐渐增大,氧气降低,酵母由有氧呼吸转变为无氧呼吸,产生乙醇、乳酸等,提高了面包的特有风味。

(2)酵母的处理　压榨酵母、活性干酵母,在搅拌前一般应进行活化;压榨酵母,加入酵母重量5倍、30℃左右的水,干酵母,加入酵母重量约10倍的水;水温40～44℃,活化时间为10～20 min。活化期间不断搅拌。

3.面团发酵工艺

面团发酵时最重要的是控制温度、湿度,使之有利于酵母的正常生命活动,促进发酵。发酵室的工艺参数为温度28～30℃,相对湿度70%～75%,发酵时间根据采用的发酵方法而定。

(1)发酵成熟度的判别　回落法、手触法、拉丝法、嗅觉法。

(2)发酵成熟度对面包品质的影响　发酵不足:面包体积小,内部组织粗糙,风味平淡,香气不足,口感不佳,面包表皮色泽深。发酵过度:在烤炉中起发大,但出炉后易塌陷,收缩变形,这是面筋被过度延伸的结果。面包表皮色泽浅,有皱纹,无光泽。内部组织有大气孔，不均匀，酸味大，有异味。发酵成熟的面团，面包体积大，内部组织均匀，气孔壁薄呈半透明，具有酒香和酯香，口感松软，富有弹性。

(3)发酵损失　指面团经过发酵后，由于酵母分解糖为CO_2、酒精、有机酸等挥发性成分所造成的面团重量损失。发酵损失与配方、发酵时间、面团温度等因素有关，发酵损失一般为1%～2%。

4.面团整形

将发酵好的面团做成一定形状的面包坯叫做整形。整形包括分块和称量，搓圆，中间醒发，压片，成型，装盘或装模等工序。在整形期间，面团仍然继续进行着发酵过程。温度过低还会影响面团继续发酵，因此整形期间不能使面团温度过低和表皮干燥以防止面团形成硬皮。成型是把压片后的面团薄块做成产品所需要的形状，使面包外观一致，式样整齐。成型分为手工和机械成型两种方式。我国大多数面包厂采用手工或半手工、半机械化成型方法。

整形室标准条件：温度25～28℃，相对湿度60%～70%。

5.面团醒发

(1)醒发的目的　面团经过压片、整形后处于紧张状态，醒发可以增强其延伸性，以利于体积充分膨胀；使面包坯膨胀到所要求的体积；改善面包的内部结构，使其疏松多孔。

(2)醒发的影响因素　醒发的温度、时间、湿度以及面粉中面筋的含量和性能等。

适宜的醒发温度38～40℃，相对湿度80%～90%，以85%为宜。醒发的时间：60～90 min。

6.面包烘焙

(1)面包的烘焙原理　烘焙是面包加工的关键工序，由于这一工序的热作用，使生面包坯成熟、定型、上色，变成结构疏松，易于消化，具有特殊香气的面包。

(2)焙烤工艺　初期阶段，上火不超过120℃，下火180～185℃。中间阶段，上、下火可同时提高温度，200～210℃，时间3～4 min。最后阶段，上火220～230℃，下火140～160℃。

3.4.4　饼干

饼干花色品种繁多。常见的分离方法有两种：一种是按照原料的配比来分，另一种按照成型的方法来分。按照原料的配比来分，包括粗饼干类、韧性饼干类、酥性饼干类、甜酥性饼干类和发酵饼干类等。

各类饼干的加工工艺，重点是冲印韧性饼干、辊印甜酥性饼干和苏打饼干的工艺流程和工艺要点(略)。

3.4.5 方便面

内容包括方便面的生产工艺和方便面调料的加工等。

首先在小麦面粉中加入一定量的水和其他添加剂，通过搅拌得到具有一定弹性、塑性、延伸性的面团(和面)，将该面团通过多道轧辊得到薄厚均匀的面片，再通过成型器便成为波峰竖起、前后波峰相靠、连绵不断地特殊面层(切条成型)，并把这种波浪形面层过渡到线速度大于成型网带的用不锈钢编织的大孔网带上，使波浪紧密相靠的面层略为拉伸，并随网带连续不断地通过温度为95～105℃的隧道蒸面机，大约90 min后，使面条中的淀粉糊化，蛋白质变性，即由生面条变成熟面条(蒸面)。当离开蒸面机时，被安装在蒸面机出口处上方的风扇吹一下冷风，减少了热面带表面的黏性。继之通过自动切割分排机，定量切断并折为两层，再通过自动油炸机或热风干燥机，将以上湿面块迅速脱水，便得到油炸方便面或热风干燥方便面，配上不同的汤料，通过碗装、杯装或袋装便是市面上见到的各种方便面。

食品工艺学复习题

一、选择题(单选或多选)

(一)肉品工艺学部分

1.在肉品工业生产中，从商品学观点出发，研究肉的加工利用价值，把肉称为________，即家畜屠宰后除去血液、头、蹄、尾、毛(或皮)、内脏的肉尸，俗称白条肉。

a.肌肉　　b.胴体　　c.冷却肉　　d.分割肉

2.为了保证肉品的卫生质量，对畜禽在临宰前进行候宰管理，包括________部分。

a.宰前检验　b.宰前饲养　c.宰前休息　d.宰前断食　e.屠畜的清洗

3.________是肌肉的基本构造单位，呈长的圆柱状，形如细的纤维。

a.肌细胞　　b.肌肉组织　　c.肌束　　d.肌原纤维

4.肌质网是包围肌原纤维的网状结构，肌质网的生理功能是控制肌肉的收缩和松弛，它是通过________的释放和吸收来完成这个作用的。

a.钠离子　　b.钾离子　　c.钙离子　　d.镁离子

5. 水在肉中以________、________、________3种形式存在，肉中大部分水是以________形式存在。

a. 结合水　b. 膨胀水　c. 不易流动水　d. 自由水　e. 结晶水

6. 动物屠宰后，肉体中氧的供应停止，糖原在缺氧的情况下经糖酵解作用成为乳酸，由于乳酸的生成和积累，动物肉体的 pH 值逐渐降低到屠宰后的酸性极限 pH 值，pH 在________。

a. 7.0～7.4　b. 6.4～6.8　c. 5.4～5.5　d. 4.6～5.4

7. 构成肌节中粗纤丝的主要成分是________，构成细纤丝的主要成分是________，在肌肉中起持水性、结着性作用的物质是________。

a. 肌球蛋白　b. 肌动蛋白　c. 原肌球蛋白　d. 肌原蛋白　e. 肌浆蛋白

8. 肉基质蛋白质为结缔组织蛋白质，是构成肌纤维膜、肌束膜、肌膜、腱的主要成分。其中________在加水加热 70～100℃时可变成明胶。

a. 胶原蛋白　b. 弹性蛋白　c. 网状蛋白　d. 肌动球蛋白

9. 肉中的呈色物质是________，存在于肌浆中。

a. 肌溶蛋白　b. 肌红蛋白　c. 肌粒蛋白　d. 肌质网蛋白

10. 肉中的 ATP 除供给肌肉收缩的能量外，逐级降解为________，是肉香的主要成分________可增强熟肉的风味。

a. ATP　b. 肌肽　c. 核苷酸　d. 肌苷酸　e. 肌酐

11. 多聚磷酸盐够提高肉的持水性的原因有：________。

a. 增加离子强度　b. 提高 pH 值　c. 螯合作用

d. 与低聚合度的磷酸盐的特异作用　e. 有助于腌制肉色的形成

12. 必需脂肪酸对人体的健康很重要，包括：________。

a. 硬脂酸　b. 软脂酸　c. 油酸　d. 亚油酸　e. 亚麻酸

13. 肉的嫩度是重要的质量指标，与嫩度对应的是肉的硬度。其中固有硬度是影响肉嫩度的重要因素，它是由________引起的。

a. 结缔组织的含量　b. 宰后肉的变化　c. 热加工　d. 冷加工

14. 肉是易腐食品，容易引起微生物生长繁殖而使肉腐败变质，低温冷藏通过________达到储藏保鲜的目的。

a. 抑制微生物的生命活动　b. 抑制酶的活性　c. 减缓生化反应速度

d. 生理干燥

15. 肉冷冻时，根据冻结的速度和时间分为快速冻结和慢速冻结。以单位时间内肉的冻结厚度，即结冰前沿(－5℃)向中心延伸的距离区分，则速冻是指________。

a. 8 cm/h　b. 5 cm/h　c. 3 cm/h　d. 1 cm/h

16. 食盐在腌制过程中的作用有：________。

a. 提高肉的持水性　b. 防腐作用　c. 改善风味　d. 固定肉色　e. 抗氧化作用

17. 硝酸盐、亚硝酸盐在腌制过程中的作用有：________。

a. 固定肉色　b. 抑制细菌生长　c. 特殊的盐渍风味　d. 抗氧化作用

e. 提高肉的持水性

18. 用液态烟熏剂代替烟熏得方法称为液熏法，在国内外已广泛使用，其特点是：________。

a. 不需要烟熏发生器　b. 烟熏时间短　c. 安全卫生　d. 重现性较好

e. 风味独特

19. 目前西式火腿的加工，大多采用________腌制方法。

a. 干腌法　b. 湿腌法　c. 混合腌制法　d. 盐水注射腌制法

20. 西式火腿的加工通常使用滚揉机，其主要作用是：________。

a. 使肉质松软　b. 加速盐水扩散　c. 发色均匀　d. 促进盐溶蛋白溶出

e. 改善制品的风味

(二)乳品工艺学部分

1. 乳是哺乳动物胃哺育幼儿从乳腺分泌的一种白色或稍带黄色的不透明液体。由于生理、病理等因素影响，异常乳在成分上与常乳不同。生理异常乳指________。

a. 初乳　b. 末乳　c. 酒精阳性乳　d. 低成分乳　e. 乳房炎乳

2. 牛乳的乳白色主要来自于________，淡黄色来自于乳中的________、________等。

a. 乳脂肪　b. 酪蛋白　c. 乳糖　d. 核黄素　e. 胡萝卜素

3. 乳中含有 3 种磷脂，对乳意义最大的是________。

a. 卵磷脂　b. 脑磷脂　c. 神经磷脂

4. 乳汁中碳水化合物主要是乳糖，占总碳水化合物的 99.8%以上，它是一种还原性双糖，具有________种异构体。

a. 2 种　b. 3 种　c. 4 种　d. 5 种

5. 牛乳中卵磷脂的作用有：________。

a. 经紫外线照射后具有维生素 D 的特性　b. 对婴儿大脑发育起作用

c. 奶油味　d. 构成脂肪球膜的主要成分　e. 鱼腥味

6. 鉴定是否真奶油的方法是测定________指标。

a. 酸价　b. 皂化价　c. 水溶性挥发性脂肪酸价　d. 碘价

7. 检验低温巴氏杀菌是否彻底，通常采用________试验。

a. 解脂酶　b. 蛋白酶　c. 磷酸酶　d. 过氧化物酶

8. 酪蛋白的等电点为：________。

a. pH 6.6　b. pH 4.6　c. pH 5.0　d. pH 3.7

9. 正常的新鲜的牛乳的酸度通常为 16～18 °T，我们称之为自然酸度，来源于________。

a. 乳脂肪　b. 酪蛋白　c. 柠檬酸盐　d. 磷酸盐　e. 二氧化碳

10. 酪蛋白是典型的含________蛋白质，白色、无味，属于两性电解质。

a. 钙　b. 磷　c. 铁　d. 钠

11. 酪蛋白胶粒的动力稳定性在于________。

a. κ-酪蛋白的保护　b. 颗粒表面带有负电荷　c. 有一层水膜

d. 对热稳定的乳清蛋白的保护　e. 磷脂蛋白质膜的存在

12. 酸乳中出现不凝固现象可能是________的原因。

a. 发酵剂不足　b. 盐类失调　c. 含抗生素　d. 噬菌体污染　e. 消毒剂残留

13. 原料乳验收时要进行________等的检查。

a. 感官检验　b. 比重测定　c. 酒精试验　d. 酸度测定　e. 含脂率测地测定

14. 一般制备乳酸菌发酵剂的需进行________等阶段。

a. 乳酸菌纯培养物　b. 母发酵剂　c. 生产发酵剂　d. 菌种保存

15. 冰激凌的________指标，反映了冰激凌的松软程度，也是与雪糕、冰棍的主要区别。

a. 保型性　b. 膨胀率　c. 适口性　d. 脂肪含量

16. 下面的________属于喷雾干燥的特点。

a. 经济效益好，成本低　b. 使颗粒致密，增强保藏性

c. 干燥速度快，时间短　d. 干燥过程温度低　e. 设备清扫工作量大

17. 乳粉的________指标与乳粉的冲调性有关。

a. 表观密度　b. 容积密度　c. 真密度　d. 溶解度

18. 乳粉的溶解度表示当用水冲调时复原性能是否良好，借以反映原料乳的质量及________。

a. 冲调性　b. 蛋白质变形程度　c. 润湿性　d. 溶解度

19. 在消毒牛奶生产过程中，杀菌是最重要的工序，工艺上把结核杆菌作为对象菌，但把________作为指示菌确定杀菌的温度和时间。

a. 大肠杆菌　b. 乳酸菌　c. 痢疾菌　d. 酵母菌

20. 牛奶加醇凝固的原理是：________。

a. 破坏酪蛋白胶粒表面的水膜　b. 中和所带电荷　c. 使酪蛋白达到等电点

d. 分解酪蛋白产生糖肽

21. 牛奶加酸凝固的原理是：________。

a. 破坏酪蛋白胶粒表面的水膜　b. 中和所带电荷　c. 使酪蛋白达到等电点

d. 分解κ-酪蛋白产生糖肽

22. 牛奶酶凝固的原理是：________。

a. 破坏酪蛋白胶粒表面的水膜　b. 中和所带电荷　c. 使酪蛋白达到等电点

d. 分解κ-酪蛋白产生副κ-酪蛋白和糖肽，导致对钙离子敏感

23. 在乳制品的生产过程中，均质的目的是________。

a. 杀死致病菌　　b. 改善蛋白质的分散状态

c. 将大脂肪球破碎成小脂肪球，防止上浮　　d. 防止乳清分离

（三）果蔬加工工艺学部分

1. 苹果和梨是________类型的果实。外表皮角质化，果皮上含有丰富的果胶和单宁物质。

a. 核果类　b. 仁果类　c. 浆果类　d. 柑橘类

2. 在果蔬组织中果胶物质以原果胶、果胶和果胶酸的形式存在，当以________形式存在时，果蔬的质地坚硬。

a. 原果胶　b. 果胶　c. 果胶酸　d. 半乳糖醛酸

3. ________与糖一起决定着果蔬及其制品的风味，对加工处理也有一定的影响。

a. 有机酸　b. 维生素　c. 果胶　d. 单宁

4. 与非酶褐变有关的成分有：________。

a. 有机酸　b. 还原糖　c. 色素　d. 氨基酸　e. 蛋白质

5. 与酶促褐变有关的成分有：________。

a. 有机酸　b. 还原糖　c. 单宁　d. 氨基酸　e. 多酚类物质　f. 氧化酶

6. 果蔬加工对原料的要求有：________。

a. 合适的品种　b. 适当的成熟度　c. 新鲜、完整、饱满的状态

d. 果肉的硬度　e. 淀粉和粗纤维少

7. 原料清洗的目的有：________。

a. 洗去灰尘和泥沙等　b. 去除大部分微生物　c. 除掉部分残存的农药

d. 除去外皮纤维素　e. 除去外皮蜡质

8. 果蔬的烫漂，生产上常称为预煮，其主要作用在于________。

a. 钝化酶　b. 软化组织结构　c. 稳定色泽　d. 除去部分辛辣味

e. 降低微生物数量

9. 果蔬去皮和切分后往往迅速变成褐色，从而影响外观，也破坏了产品的营养和风味。一般护色措施均从________和________两方面着手。

a. 抑制酶活　b. 除掉多酚物质　c. 稳定色泽　d. 排除氧气

e. 降低微生物数量

10. 在果蔬加工厂，常用的护色方法有：________。

a. 食盐水　b. 亚硫酸盐溶液　c. 酸溶液　d. 用染色液染色

e. 用高锰酸钾漂白

11. 果汁清凉饮料是指原果汁含量在________和________的饮料。

a. 100％　b. 50％　c. 30％　d. 10％　e. 10％以下

12. 果蔬取汁的方法有两种，对于山楂、李、乌梅等采用________法。

a. 压榨法　b. 渗出法

13. 明胶-单宁法常用于苹果、梨、葡萄、山楂等果汁的澄清，这是由于果汁中的果胶、维生素和单宁等带________电荷，酸性介质中，明胶可与单宁酸盐形成络合物，络合物沉降的同时，果汁中的悬浮颗粒亦被缠绕而随之沉降。

a. 正电荷　b. 负电荷

14. 蜜饯类产品是利用高糖进行防腐保藏作用制成的果蔬糖制品。高浓度的糖液具有防腐作用是因为：________。

a. 强的渗透压使微生物脱水　b. 降低产品的水分活度而抑菌

c. 具有抗氧化作用　d. 微生物的发酵作用

15. 蔬菜腌渍品是利用食盐进行防腐保藏作用制成的果蔬制品。蔬菜腌渍的原理是：________。

a. 强的渗透压使微生物脱水　b. 降低产品的水分活度而抑菌

c. 具有抗氧化作用　d. 微生物的发酵作用

16. 在果蔬加工过程中，为了提高原料的耐煮性和脆性，对果蔬原料进行硬化处理，其方法是添加________。

a. 钙盐　b. 镁盐　c. 亚硫酸盐　d. 碳酸盐　e. 明矾

17. 使腌渍品保持绿色的方法有：________。

a. 倒缸以及时排除热量　b. 提高食盐浓度抑制蔬菜的呼吸作用

c. 加入碳酸钙　d. 加入碳酸镁　e. 加入碳酸钠

18. 速冻蔬菜需要在很短时间内使菜体迅速通过冰晶形成阶段，防止形成大的晶体，损伤细胞组织。所用速冻设备的冻结温度通常为________。

a. －35℃　b. －18℃　c. －15℃　－20℃

19. 速冻蔬菜生产和储藏过程中防止变色的措施有：________。

a. 降低 pH 值　b. 添加抗氧化剂　c. 亚硫酸盐处理　d. 用碱水浸泡

20. 在果蔬组织中果胶物质以原果胶、果胶和果胶酸的形式存在，随着果蔬的成熟和老化，以________形式存在，组织崩溃软烂，在苹果和某些梨中表现出发绵。

a. 原果胶　b. 果胶　c. 果胶酸　d. 半乳糖醛酸

（四）面食制品加工部分

1. 面粉中蛋白质有多种，其中________和________是形成面筋的主要成分。

a. 麦胶蛋白　b. 麦谷蛋白　c. 麦球蛋白　d. 麦清蛋白　e. 酸溶蛋白

2. ________是小麦中的主要成分，占麦粒重的 70%，面粉中的 75%。

a. 蛋白质　b. 碳水化合物　c. 脂肪　d. 水分　e. 矿物质

3. 在焙烤食品上重要的酶类有________和________，前者大大影响了焙烤中面团的流变性，在烤炉中的作用可大大改善面包的品质；后者水解糊精转化为麦芽糖，作为酵母发酵的主要能量来源。

a. α-淀粉酶　b. β-淀粉酶　c. 蛋白酶　d. 多肽酶　e. 脂肪酶

4. ________主要存在于小麦粒细胞壁中；________主要在麦麸中，而________主要在胚乳中，________在胚芽中。

a. 纤维素　b. 淀粉　c. 脂肪　d. 维生素　e. 矿物质　f. 蛋白质

5. 湿面筋被压缩或拉伸后恢复原来状态的能力称为________。

a. 弹性　b. 延伸性　c. 可塑性　d. 韧性

6. 湿面筋被压缩或拉伸后不能恢复原来状态的能力称为________。

a. 弹性　b. 延伸性　c. 可塑性　d. 韧性

7. ________是将氢原子加到动植物油不饱和脂肪酸的不饱和键上，生成饱和度和熔点较高的固体油脂，又称硬化油。

a. 棕榈油　b. 氢化油　c. 起酥油　d. 人造奶油

8. 人造奶油又称为麦淇淋，它是以________为主要原料，添加适量的牛乳、色素和香料等，经混合、乳化等工序而成，是奶油的良好代用品。

a. 棕榈油　b. 氢化油　c. 起酥油　d. 奶油

9. 面粉的国家标准中规定面粉的水分为________。

a. 8%±0.5%　b. 10%±0.5%　c. 13%±0.5%　d. 16%±0.5%

10. 油脂在面食制品中主要起________作用。

a. 增塑作用　b. 起酥作用　c. 充气性　d. 润滑作用

11. 转化糖浆是蔗糖在酸的作用下水解成的________。

a. 葡萄糖　b. 果糖　c. 麦芽糖　d. 乳糖　e. 麦芽糊精

二、名词解释

1. 击昏　2. 劈半　3. 胴体　4. 冷却肉　5. 尸僵　6. 肉的自溶
7. 肌节　8. 肉的持水性　9. 冰结晶的最大生成区　10. *D* 值
11. Z 值　12. F 值(杀菌)　13. 烟熏保藏　14. 速冻　15. 反压冷却
16. 酸性极限 pH 值　17. 肉的固有硬度　18. 水分活度　19. 乳
20. 初乳　21. 酪蛋白　22. 消毒鲜乳　23. (乳粉的)表观密度
24. (乳)自然酸度　25. 乳的发酵酸度　26. °T　27. 巴氏杀菌
28. 酪蛋白的酶凝固　29. 乳清蛋白　30. 标准化　31. (乳粉的)容积密度
32. 末乳　32. 果蔬糖制　33. 酶促褐变　34. 热漂　35. 淀粉的老化
36. 面筋　37. 面团　38. 美拉德反应

三、简答题和论述题

1. 多聚磷酸盐为什么能够提高肉制品的持水性？

2. 在肉的腌制过程中，食盐为什么能够提高肉的持水性？

3. 什么是速冻？为什么速冻比慢速冻结形成的冰晶小，对肉的品质影响小？

4. 在西式火腿的生产工艺中通常采用盐水注射和滚揉按摩相结合的工艺，请问滚揉按摩的作用是什么，具体的工艺参数和技术要点如何？

5. 在西式肉制品生产过程中常使用烟熏工艺，请问烟熏的作用是什么？

6. 西式灌肠和香肠之间有哪些区别和联系？

7. 什么叫肉的持水性，多聚磷酸盐为什么能够提高肉制品的持水性？

8. 肉的腌制工艺中主要腌制材料有哪些？试述形成腌制肉色的呈色机理。

9. 试述尸僵形成的原因，尸僵发生的过程经历哪几个阶段？

10. 与肉的胶凝性、结着性有关的蛋白质是什么，生产过程中如何提高香肠的胶凝性？

11. 酸性食品和低酸性食品是如何划分的，划分的依据是什么，对热力杀菌的要求有何不同？

12. 牛乳中含有哪几类主要成分，各成分的含量分别是多少？

13. 喷雾干燥的优缺点是什么？

14. 乳粉的密度通常有 3 种，它们是如何反映乳粉的品质的？

15. 冰激凌的工艺流程和工艺要点？

16.酸奶发酵剂的调制方法分哪几步，常用的菌种是什么？在酸奶的生产过程中，酸奶的发酵分哪两个阶段，每个阶段的主要作用是什么？

17.试述酪蛋白的酸凝固机理和酶凝固机理。

18.很多果蔬在加工前处理中采用热漂（预煮）工序，为什么？

19.列举6个我国传统酱腌菜的品种。

20.引起果汁混浊的原因是什么，果汁的生产工艺中常用的果汁澄清方法有哪几种？

21.蔬菜腌渍过程中哪些成分起到了提高保藏性的作用，为什么？

22.面制食品中常用的油脂有哪些，油脂在面食中的具有哪些工艺性能？

23.面团最后醒发的目的是什么，影响醒发的因素有哪些？

24.面包加工广泛采用二次发酵法，面团发酵的机理是什么？

25.面制食品中常用的油脂有哪些，油脂在面食中的具有哪些工艺性能？

第 4 部分　安全农产品生产

4.1　安全农产品生产的概念、意义与起源

4.1.1　安全农产品的概念

4.1.1.1　无公害食品

所谓无公害食品，指的是无污染、无毒害、安全优质的食品。在目前现实的自然环境和技术条件下，要生产出完全不受到有害物质污染的食品是很难的。实际上，无公害食品是指商品中不含有关规定中不允许的有毒物质，并将某些有害物质控制在标准允许范围内的食品。

4.1.1.2　绿色食品

绿色食品是遵循可持续发展原则，按照特定生产方式，经专门机构认定，许可使用绿色食品标志的食品。绿色食品是为了突出食品出自良好的生态环境，并能给人们带来旺盛的生命活力，而将其定名为“绿色食品”。

1990 年 5 月，中国农业部正式规定了绿色食品的名称 、标准及标志。标准规定：

(1)产品或产品原料的产地必须符合绿色食品的生态环境标准。

(2)农作物种植、畜禽饲养、水产养殖及食品加工必须符合绿色食品的生产操作规程。

(3)产品必须符合绿色食品的质量和卫生标准。

(4)产品的标签必须符合中国农业部制定的《绿色食品标志设计标准手册》中

的有关规定。绿色食品的标志为绿色正圆形图案，上方为太阳，下方为叶片与蓓蕾，标志的寓意为保护。

4.1.1.3 有机食品

根据联合国食品法典委员会的定义，有机农业是一种改善和增强农业生态系统健康(包括生物多样性、生物循环和土壤生物活动)的整体性的生产管理系统。它强调优先利用农场内部材料和物质，并在可能的情况下采用农业、生物和机械的方法，反对采用化学合成物质，在系统内部实现各种功能。

有机农业生产是建立在生态平衡、生态预防基础之上的可持续生产系统。有机农业持续性系统的主要特征包括：

(1)以自然资源特别是可再生资源为基础。

(2)有效利用太阳能和生物系统的生产潜力。

(3)维持土壤肥力。

(4)最大限度实现植物养分和有机物质的循环。

(5)不使用自然以外的物质。

(6)维持生产系统和农业景观的基因多样性。

(7)向禽畜提供适应其行为本性的生活条件。

根据国际有机农业运动联盟的归纳总结，有机农产品生产和加工的主要原则包括：

(1)生产足够量的、营养品质高的食品。

(2)以建设性的、有助于改善生命质量的方式与自然系统及其循环协调共生。

(3)考虑有机种植和加工过程广泛的社会和生态影响。

(4)在农作系统内，鼓励和改善包括微生物、土壤生物、植物、动物在内的生物循环。

(5)开发有价值的、可持续的水产养殖系统。

(6)长期保持并提高土壤肥力。

(7)维持生产系统及其周围环境的基因多样性，包括保护植物和野生栖息地。

(8)促进对水体、水资源及水体中生命的健康、适度利用。

(9)在当地组织的生产系统内尽可能利用可再生资源。

(10)创造作物生产和畜禽养殖之间融洽的平衡。

(11)给牲畜提供所有必须的生活条件，使其能够按照本来的行为方式生活；尽量减少各种形式的污染。

(12)利用可再生资源加工有机产品。

(13)生产可以生物降解的有机产品。

(14)生产持久的、高质量的纺织产品。

(15)允许有机农业生产和加工的所有从事者享有基本的生活条件,包括满足基本需求,获得足够收入,对工作环境满意等。

(16)向社会公正、生态负责的食品生产、加工和分配链努力。

有机食品的主要特点是在其生产与加工过程中不施用人工合成的农药、肥料、除草剂、生长激素、防腐剂、添加剂等化学物质。需要注意的是,该特点的含义有两层:首先,有机农业的生产方式解决了常规农业生产中严重的环境污染和生态破坏的问题,是可持续的农作方式;其次,才是产品没有或污染物尽可能低,对人类健康有益,这两层含义的次序不能颠倒。

4.1.1.4　有机食品和无公害食品、绿色食品的区别

(1)发源地不同。有机食品和有机农业的发源地——欧洲,绿色食品起源于中国,无公害食品主要起源于中国,"无公害"一词从国外引入。

(2)标识不同。有机食品在不同的国家、不同的认证机构其标识不相同。绿色食品标识是唯一的。无公害食品的标识在不同的认证机构有不同的标识。

(3)认证机构不同。绿色食品的认证由中国绿色食品发展中心负责全国绿色食品的统一认证和最终认证审批,各省、市、区绿色食品办公室协助认证。有机食品的认证一是由国家环境保护总局有机食品发展中心进行综合认证;二是由中国农科院茶叶研究所有机茶研究与发展中心认证有机茶;三是一些国外有机食品的认证机构在中国开展有机食品的认证。无公害食品的认证机构较多,只有在国家工商行政管理局商标局正式注册标识商标,或颁布的省级法规,其认证才有法律效应。

(4)认证方式不同。有机食品的认证实行检查员制度,绿色食品的认证以检测认证为主,无公害食品的认证以检查认证为主,检测认证为辅。

(5)标准不同,分级不同。无公害食品、绿色食品和有机食品的标准各不相同,但总的可以分为3个档次,即无公害食品是基本档次,A级绿色食品是第二档次,AA级绿色食品和有机食品为最高档次。

4.1.2　安全农产品生产的意义、起源与发展

4.1.2.1　安全农产品生产的意义

1. 对经济发展的意义

(1)开发绿色食品是我国基本国情的需要,在我国经济和社会发展的进程中,

政府一直十分重视资源和环境的保护,以及人民健康水平的提高。改革开放以后,政府又进一步把保护环境和增进人民身体健康作为基本国策。开发绿色食品正是使经济建设、环境保护协调发展的有力举措,也是落实我国基本国策的具体体现。

(2)开发绿色食品是市场经济的产物。绿色食品的推出,突破了原来单一运用行政手段控制产品质量的方式,采用技术和管理的方式,实施全程质量控制,并将农工商、产供销紧密地结合起来,建立起了一种适应市场经济体制的新的食物生产方式。

(3)开发绿色食品是我国扩大对外开放的结果。20世纪90年代初,走可持续发展道路得到世界各国的共同响应,许多国家纷纷从农业入手,积极探索农业可持续发展的有效途径,我国则以开发绿色食品为突破口。将保护环境、发展经济同提高人民的生活质量紧密地结合起来。另一方面,国际农产品贸易领域出现了两个特点:一是高附加值农产品出口增长迅速;二是农产品贸易保护日趋严重,与环境保护相关的"绿色"标志逐渐成为一种新的非关税贸易壁垒。如果在农产品及其加工品生产过程中不注重保护资源和环境,并提高产品的安全水平,我国农产品出口将面临新的挑战。开发绿色食品是我国农产品及其加工品在技术标准和贸易准则与国际市场直接接轨的具体表现。

开发绿色食品也是社会文明进步的表现。过去,人们总是强调自己征服自然、改造自然的能力,但由于不合理的经济活动,结果屡屡受到大自然的惩罚。在经历种种威胁之后,人们逐渐认识到人类本身就是大自然的一个组成部分,人类只有和自然保持和谐关系,才能健康地生存,社会文明才能进步。同时,人们的消费观念文明、进步,人们从过度消费热量食品开始转变关注食品的营养、安全、保健功能,开始关注食品消费对环境、资源的影响,并关注后代人的利益。这种消费观念的转变又引发了传统食物生产方式的转变,也就是向可持续生产方式的转变,即在确保资源和环境永续利用的基础上发展食物生产。由此可见,绿色食品的产生是人们由传统的生产和消费观念转向科学、文明、理性的发展观念的必然结果。

2. 对人类健康和环境保护的意义

在保护环境和保持资源可持续利用的前提下,通过发展绿色食品生产,满足人类的基本需求,并提高生命质量是全球的共同使命。发展绿色食品,从保护、改善生态环境入手,以开发无污染食品为突破口,改革传统食物生产方式和管理手段,实现农业和食品工业可持续发展,从而将保护环境、发展经济、增进人民健康紧密地结合起来,促成环境、资源、经济、社会发展的良性循环。因此,开发绿色食品遵循了可持续发展的基本原则,既满足当代人的需求又不危及后代人满足其需求的发展。

4.1.2.2　安全农产品生产的起源与发展

1.世界安全农产品生产的起源与发展

世界农业进入现代化阶段不过百余年的历史，特别是在过去的40多年间，由于大规模采用现代科技手段，农业生产取得了令人瞩目的成就。世界农业所取得的成就主要应归功于农业生产规模和场所的扩大以及生产率的提高。其关键是：培育和使用高水肥反应的高产作物品种(HYV)(小麦、水稻)；大幅度增加对农业的商品能源投入，包括农业机械、化学肥料、农药、燃油等。

以常规农业为代表的农业发展模式使得世界农业取得前所未有的成就，进一步推动了世界经济的发展，与此同时，世界农业和整个人类也面临着一系列严重的问题。主要表现在：

(1)自然资源耗竭。遗传资源减少，潜在生物资源和病虫害控制因子减少，生态系统稳定性降低，对自然灾害缓冲能力降低。

(2)生态环境恶化。集中表现为自然灾害逐年加重(发生和成灾频率)；人类活动对农业产生的污染、影响以及农业生产本身对生态环境的污染加剧。

(3)社会经济问题。农业所发生的问题又进一步诱发其他一系列的社会经济问题，包括国家间、地区间自然条件和发展时段的差异，造成资源不公平分配和配置；发达国家的粮食生产过剩和发展中国家近8亿人口的粮食安全得不到保证；农产品的贸易自由化与本国农产品生产保护之间、农产品价格补贴与价格保护之间出现了很多矛盾等。

为解决这些问题，人们进行了很多探索，其中农业生产方式的变革，特别是有机农业的兴起和发展是其中有效的途径之一。20世纪70年代初，旨在限制化学物质过量投入以保护生态环境和提高食物安全性的“有机农业”思潮影响了许多国家，一些国家开始采取经济措施和法律手段，鼓励、支持本国有机食品的生产和开发。进入80年代，共同走上一条将经济、社会、环境、资源协调起来的可持续发展之路的呼声得到世界各国的响应，许多国家开始从农业着手，积极探索农业可持续发展的模式，以缓解常规农业给环境资源造成的严重压力。1992年，联合国在巴西召开了“环境与发展”世界首脑会议，将走可持续发展的道路作为全球未来的共同发展战略。此后，欧盟、美国、日本、澳大利亚等发达国家和地区以及一些发展中国家进一步加快了生态农业、有机农业、自然农业、生物动力学农业等替代常规农业生产方式的实践。同时，随着环境贸易的迅速发展，国际市场对无污染、无公害的食品安全需求也与日俱增。

2.中国安全农产品生产的起源与发展

从20世纪60年代开始，我国农业开始进入常规现代化的阶段，显著标志是商品作物品种的大批育成、种植业的化肥施用量迅速增长，并保证了过去30年间相对人口增长(1.6%)的较高粮食增长速度(3.4%)。与此同时，我国农业生产已经面临着严峻的生态环境危机。从某种程度上讲，我国农业的高速增长是靠拼资源和牺牲环境利益来换取的，中国农业的高速发展事实上付出了高昂的生态、环境及资源代价。在21世纪，中国农业发展首先面临着来自资源及能源短缺方面的制约。中国的主要农业资源人均拥有量远低于世界平均水平，土地、水、石化能源的缺乏使得中国不可能得到发达国家完成常规农业现代化中具有的廉价石油条件，也承受不起发达国家"先污染、后治理"的现代化模式造成的后果。

与此同时靠现有技术继续提高粮食单产及生产率已面临严重挑战。首先，近10年来世界粮食生产出现了衰退或停滞的趋势，中国的粮食生产自20世纪80年代中期以来也表现出徘徊的局面。其次，近几十年来农业灾害趋于频繁，如水灾受害面积就呈现出上升的趋势，20世纪90年代前5年成灾率达到51%，远高于20世纪70年代的31%。这些预示着中国农业的资源基础由于长期不合理的利用已受到损害，并影响到农产品产量的进一步提高。

中国农业的小规模经营以及近年来农业比较低的效益已迫使农业开始进入需要保护的阶段，但受多种因素的牵制，中央财政用于农业基本建设的费用并没有显著增长；而且国家企图通过提高粮价维持农民种粮积极性的潜力已尽，因为目前主要农产品，包括小麦、玉米、大豆、棉花的价格已接近甚至超过国际市场价。这种情况大大降低了我国粮棉的国际竞争力，它不仅影响到出口，还会因"入关"形成重大冲击。另外，与许多发达国家相比，中国劳力严重过剩已成为农业发展难以克服的障碍因子。据统计，种植业劳力一年在农田的有效劳动时间不足20天，由此制约了农民农业收入和农业劳动生产率的提高；2 000年中国农村的过剩劳力达到3亿。若按常规模式安置全部3亿劳力，则需要3万亿资金和400万 hm^2 土地，这是我国财力和土地资源难以支撑的。

所有这些表明，未来中国农业发展将面临来自资源基础、生态环境及经济社会等多方面的同时挑战，国家必须对现有的发展模式进行深刻的科学判断和分析，并提出调整战略。农业是国民经济和社会发展的基础，而自然灾害和生态环境又是农业发展的前提，因而保护资源和环境，走可持续发展的道路必须首先从农业入手。

1990年5月10日，我国正式宣布开始发展绿色食品。绿色食品的推出，不仅以其科学概念创造了一个独特的食品生产和管理体系，并被我国许多地区的广大农民和食品企业系统地接受、采用和推广，产生了显著的经济、生态和社会效益。

绿色食品在我国的发展按照主导方式和主要目标，大致经历了三个重要阶段：

第一阶段，从农垦系统启动的基础建设阶段(1990—1993 年)。1990 年，绿色食品工程在农垦系统正式实施。在绿色食品工程实施后的 3 年中，完成了一系列基础建设工作。主要包括组织机构、制定技术标准以及加强与国际同行和组织的联系。第二阶段，向全社会推进的加速发展阶段(1994—1996 年)。这一阶段绿色食品的产品数量连续增长；产品结构趋向居民日常消费结构；绿色食品在县域开发逐步展开。全国许多县(市)依托本地资源，在全县范围内组织绿色食品开发和建立绿色食品生产基地，使绿色食品开发成为县域经济发展富有特色和活力的增长点。第三阶段，向社会化、市场化、国际化全面推进阶段(1997 年至今)。中国许多地方的政府和部门进一步重视绿色食品的发展；广大消费者对绿色食品认识程度越来越高；新闻媒体主动宣传、报道绿色食品；理论界和学术界也日益重视对绿色食品的探讨。

目前，中国的绿色食品组织管理已经形成了比较完善的组织机构和标准体系，绿色食品市场建设已初显成效，相当一部分绿色食品已成功地进入了日本、美国、欧洲、中东等国家和地区的市场，并显示出了在技术、质量、价格、品牌上的明显优势，展示出了绿色食品的出口前景。

20 世纪 90 年代以来，有机食品在我国也得到了长足的发展。以南京环境科学研究所为代表的国内认证体系和以 ECOCERT 为代表的国外认证机构开始将国际上的有机农业标准和认证体系引入我国，着重对农产品的生产过程控制、农产品生产过程的质量控制体系和农产品的可追溯性 3 个方面进行控制。以外贸为主要推动力的中国有机农业发展呈现快速发展的态势，近年来，由于消费者健康意识和环保意识的提高，国内消费需求对于有机农业发展的推动也在不断增加，有机农业的发展呈现生产、加工、贸易的良性循环。

4.2 植物产品的安全生产

4.2.1 产地的选择

产地是一个由生物、空气、水、土壤等环境要素组成的生态系统。安全植物产品的产地选择是指在这些植物产品开始生产之前对产地身体环境条件的调查和现场考察，对场地的环境监测和环境现状质量评价，并通过环境质量的现状评价，对产地环境质量是否适合生产绿色食品作出合理的判断。绿色食品产地的建设是指对已经确定为绿色食品的产地或备用产地进行生态建设与环境污染控制，使其保持良好的生态环境质量。

产地选择任务是为其产地的环境质量检测和质量评价做技术准备，因此，在开发安全植物产品之前，一是环境监测，调查产地环境要素的质量状况，查看外源污染、内源污染的确实情况，在环境监测图上标出产地的区域、点数和点位，为正确的布点采样做准备。二是经过现场调查，了解产地及其周边的生态环境质量状况，初步评估产地的生态环境质量，为继续的生态环境建设提供依据。所以，认真做好产地的选择工作，既可为环境监测和评价做好准备，提高工作效率，减少企业经济负担，又可正确判断该产地开发安全植物产品的前景，为产地的生态环境建设指出方向。

4.2.1.1 产地的环境调查与监测

1.外源污染与产地环境要素的现场调查

(1)污染源调查内容　产地周边的工业、交通、居民村落等的布局，污染源排放污染物的类型，污染物的种类排放方式和排放量，以及污染物进入产地的途径。

(2)空气质量调查　污染源与产地的边界的距离有多大，是否有交通主干线通过产地，车流量有多少。污染源与常年主导风向、风速的关系，即污染源是否在产地的上风向，估计空气中污染物的影响范围，是否影响到产地，并标记污染空气开始进入产地的地块，以作为污染检测控制点的具体位点。

空气污染物对植物污染的症状调查：农业生产中，对动植物生长和健康有较大影响的污染物有二氧化硫、氮氧化物、总悬浮颗粒物和氟化物等。它们对植物会产生可视症状，可供调查者初步判断空气污染情况。

(3)水质调查　现场调查内容有：污染源的污水是否进入绿色食品产区的地面水，或是否影响产区的地下水；产地的常年降雨量是否满足灌溉需要，或开采地下水是否造成环境的负面影响（如地面下沉、水污染等）；当前的人、畜饮用水、灌溉水的水质感官如何；产地是否有污水灌溉历史等。

2.内源污染调查

(1)肥料　调查肥料的种类和配方施肥，化肥的品种，有机肥的品种，施肥水平，是否使用污泥肥、垃圾肥、矿渣肥、稀土肥等情况。通过调查，对照绿色食品产地所规定的肥料使用标准进行评估。

(2)植物保护　调查病虫害的主要防治手段，是否使用化学合成农药，化学农药的品种、数量，农药的安全使用情况，病虫草害发生、变化历史调查，是否出现过重大病虫害，如何控制等。通过调查，对照绿色食品有关农药的使用准则进行评估。

(3)农用塑料残膜　调查农用塑料薄膜的使用历史，实测土壤残膜状况及残膜量。

(4)饲料及饲料添加剂　调查全价饲料的组成，饲料添加剂中的有害物含量等。

(5)农业废弃物　调查产地秸秆的量及处置情况；人、畜禽粪便的量及处置情况；加工业下脚料的量及其处置情况。对城市郊区的产地，需要了解城市废弃物的收纳和影响情况。

(6)农业生物物种　重点调查是否有转基因物种。根据绿色食品要求，绿色食品或产品原料不能选择转基因食品。

3. 污染源影响预测

产地周边的工业布局将有何变化，产业方向、生产水平、工艺技术有何变化，对产地的环境建设和绿色食品的持续发展有否潜在的负面影响。

4.2.1.2　产地的污染控制与生态建设

安全植物产品生产实行全程质量控制，所谓全程，意指“从土地到餐桌”的全过程，从生产、使用到废弃的全过程中，要节约使用资源，并使产品的整个生命周期对人类健康和环境的不利影响最小。污染控制是产地环境质量控制的主要内容之一。安全植物产品产地有外源污染和内源污染两类，但外源污染，因绿色食品生产单位无力进行有效控制，只能在产地选择时加以回避，即产地需要选择在污染源影响不到的地区。所以，产地的污染控制，主要是指对内源污染，即农业生产自身的污染控制。

1. 产地的环境污染

内源污染主要有不合理使用化肥、农药、塑料薄膜和农业废弃物处置不当所造成的环境污染和资源浪费。

(1)化肥的污染　所谓化肥污染，主要指氮肥污染。为什么氮肥污染比其他肥料严重？从施肥技术角度看，施肥不当，如一次性施氮素过多，并且与磷、钾比例不当，植物一下子吸收不了、同化不了，氮素就会流入环境。同时，又因氮素的流动性大，不易在土壤中驻留，随水流走，故而造成作物的单季利用率低，我国目前大约为30%。这就是说，约有70%的氮素进入了环境，大部分进入水环境，污染地表水和地下水，一部分以氨或氮氧化物进入大气，少部分留在土壤供下茬作物利用；钾肥在我国特别稀缺，施肥量不足，同时单季利用率一般可以达到50%～60%，故而进入环境的量很少；磷肥的作物吸收率虽然很低，约为10%，但它的流动性很差，大部分能被土壤固定，不容易进入环境。所以磷、钾肥料对环境的威胁较小。

(2)农药过量使用的环境污染　作物的病虫草害对农业生产构成严重威胁。据联合国粮食农业组织(FAO)估计，尽管各国采取了一定的防治措施，但全世界常年的谷物损失率为：每年因病虫草害损失的粮食35%，棉花损失33.8%。农药在农业生产中发挥了巨大的作用，尤其是现代农业，必须依靠农药从病、虫、鼠害中挽回农产品损失。农药按防治对象分类，可分为杀虫剂、杀菌剂、除草剂、植物生长调节剂等。它们的植保作用不可低估。然而，滥施农药对环境的污染是更严峻的事实，如使害虫抗药性增加，伤害天敌和其他有益生物，在环境中长期积累，农产品产生农药残留等。它的污染与"三废"污染或化肥污染有不同之处，它针对生物多样性的破坏后果甚至比三废污染更为严重。

(3)农用塑料残膜的污染　农用薄膜包括地膜和篷膜。农膜技术的采用，对我国农业耕作制度的改革，种植结构的调整和高产、高效、优质农业的发展，产生了重大而深远的影响，对增加农民收入、脱贫致富做出了重大贡献，很受农民欢迎。但是，从农膜的生产和使用以来，逐步暴露出一些环境污染问题，其中最严重的是残膜污染。

2.污染控制

安全植物产品生产产地的污染途径有两类：对生产过程的行为控制和对产品的终端控制。生产过程的行为控制，是产地控制污染的最有效途径。目前，在环境管理中，生产过程行为控制标准是一些相关的政策、规则、规定、条例等形式组成。产地的污染行为控制标准主要是生产资料使用规则。生产资料使用规则是对生产安全植物产品生产过程中物质投入的一个原则性规定，它包括肥料、农药、兽药、水产养殖用药、食品添加剂和饲料添加剂的使用准则。这些准则对允许、限制和禁止使用的物资名单和使用方法都做了明确规定。

控制化肥污染的主要方法有：调整化肥污染结构、增施有机肥料、改进施肥技术、合理轮作。

农药的污染控制主要方法有：

(1)推广综合防治技术(IPM)　我国的植物保护措施是"预防为主，综合防治"。综合防治包含：栽培防治、化学防治、生物防治和物理防治4类技术措施。我国的IPM防治技术，主要包括大量采用抗病品种，保护害虫天敌，选择高效、低毒、低残留、对天敌安全生物农药，改进施药技术，利用沼肥(沼液、沼渣)防治病虫害，利用间作、套作、轮作等防治病虫害等。综合防治可以充分发挥生态系统的自然控制作用，从而减少化学农药的使用量。

(2)生物防治技术　是利用有害生物的天敌对有害生物进行调节、控制。比如我国利用苏云金杆菌制剂,也就是常说的Bt制剂防治害虫,无论在工业化生产还是在实际应用等方面都居世界先进水平。

(3)农业防治技术　即利用栽培、耕作、施肥、品种等农业手段对农田生态环境进行管理。例如,清除果园的枯枝落叶并烧毁,可以破坏病虫越冬场所和压低病虫的数量等。

(4)物理和机械防治技术　例如,太阳可以晒干种子,并杀死病菌、防虫防霉等。

(5)农药的安全合理使用　安全植物产品生产对农药的安全使用可按照相应的农药使用准则执行。使用农药,首先要对症下药,农药的使用品种和剂量因防治对象不同应有所不同。如对不同口器的害虫选择不同的药剂;根据害虫对一些农药的抗药性合理选择药剂;考虑某些害虫对某些药剂有特殊反应选择药剂等。其次是适时、适量用药,应在害虫发育中抵抗力最弱的时间施用农药。同时,根据不同作物、不同生长期和不同的药剂选择最佳施入剂量。从而可减少农药的使用量。

制定施药安全间隔期。根据农药在农作物上允许残留量,可制定出某些农药在某种作物收获前最后一次施药日期,使作物上的农药残留量不超过规定残留量标准。最后一次使用农药到作物收获之间相隔日期,称为安全间隔期。安全间隔期的长短与农药种类、剂型、施药浓度、次数、方式、作物种类、气候等因素有关。安全间隔期的使用,可在合理使用农药、保障人类身体健康上起到积极作用。

3.安全植物产品生产的生态建设

安全植物产品生产产地的生态建设除了环境污染控制以外,还应对产地三级生态系统进行合理控制,使其结构合理,功能和谐,生产力达到最大。而调控农业生态系统最佳途径就是生态环境建设。

安全植物产品产地生态建设的总目标是:通过产地的生态建设,达到产地生物多样性增加,即农业生物结构合理,功能协调。使产地逐步具有综合性的可持续性生产能力,逐步把产地建设成为良性循环的生态系统,使产地成为无废物的生存基地。通过绿色食品的生产,使产地土壤成为健康的、肥沃的土壤。

绿色食品生态建设的内容与技术主要包括:

(1)周边生态建设　周边生态环境除在产地选择时把握好生态条件外,在绿色食品生产的同时,需要完善其环境建设,包含生物多样性建设,植树种草,建设成一个有明显标志的生物隔离带,并同时在第一级生态环境进行流失治理。

(2)产地建设　耕作技术、生态优化的防治技术、物质的多层次利用技术、节水灌溉技术、动物的立体养殖技术。

(3)土壤生态建设　主要指土壤肥力的建设,培育健康、有活性的土壤,健康的土壤需具有完善的土壤生态结构，具有生产者（植物）、小型消费者（微型动物）和分解者（微生物），相互间的数量比要协调，创造农业生态系统的良性循环，充分开发和利用本地区、本单位的有机肥源，合理循环使用有机物质；充分发挥土壤中有益微生物在提高土壤肥力的作用；尽量控制和减少化学合成肥料的施用。

4.2.2 土壤管理与肥料使用

土壤是绿色食品作物生产的立地基础，为作物提供大部分营养、水分、空气。作为农田土壤，其肥力状况是可以人工调节的，调节控制的正确与否直接影响到作物的发育，也影响到有害物的降解与转移。土壤管理与肥料的使用就是对这些性状和能力的调控。

4.2.2.1 土壤肥力保持的重要性

土壤适时和协调地向植物提供作物所需的水、养、气和热量及根系活动性能的条件，称为土壤肥力，土壤中的各肥力因素之间相互作用。外在一个动态平衡之中，有时对作物生育有利，有时又有坏的影响力。采用适当地维持肥力的措施，就能为作物提供一个非常有利的、充分发挥其潜能、增强其抵御不良外界条件的土壤生态条件，获得高产优质的安全食品。

4.2.2.2 肥料的作用与污染

维持和提高土壤肥力有效的办法就是施肥。施肥有以下重要作用：

(1)保持土壤肥力是满足作物生长的需要。

(2)保持土壤肥力是增加作物产量的基础和保证。

(3)保持土壤肥力是绿色食品品质进一步提高的保障。

施肥有改善土壤环境、增加绿色食品产量、改善品质等作物，但同时由于施用肥料的种类、用量及施用方法不当，也会带来许多不良影响。不合理施肥不仅起不到应有的肥效，造成经济上极大的浪费，更重要的是污染，表现在对土壤的污染、水体的污染和大气的污染。污染物通过食物，饮水给人和畜禽带来潜在的灾难。

4.2.2.3 安全作物生产的施肥技术

根据安全植物产品生产特定的生产操作规程及产品质量的要求，通过施肥要能促进作物生长，提高产量和品质，有利于改良土壤和提高土壤肥力，不会对作物和环境造成污染。施肥应遵循的原则和要求如下：

(1)创造良性的养分循环条件。

(2)经济、合理地施用肥料。

(3)以有机肥为主体,尽可能使有机物质和养分还田。

(4)充分发挥土壤中有益微生物在提高土壤肥力中的作用。

(5)尽量控制和减少化学合成肥料,尤其各种氮素化肥的使用,必须使用时,也应与有机肥配合使用。

绿色食品生产要控制化学合成肥料,特别氮肥的使用,AA 级绿色食品生产中除可使用微量元素和煅炼磷酸盐外,不允许使用化学合成肥料。欧盟、美国和日本等国家和地区的有机农业标准也严格禁止使用化学合成的肥料,即便是有机肥,也应该来自于有机畜牧饲养场。A 级绿色食品生产过程中,允许限量使用部分化学合成肥料,但禁止使用硝态氮肥。化肥施用时必须与有机肥按氮含量 1∶1 的比例配合施用,必须在作物收获 30 d 以前施用。

4.2.3 病虫害防治与杂草控制

4.2.3.1 有害生物防治原则

为了保证安全植物产品的质量,就必须在生产各环节排除污染源对产品的污染,种植生产过程中,重要污染源之一就来自防治病虫害而施用的化学农药所引起的农业自身的污染。因此,有害生物防治的基本原则是:

1.创造和建立有利作物生长、抑制病虫害的良好环境

安全植物产品生产的植保工作绝不能采取以消灭病虫等有害生物为中心的植物保护方法,也就是说,不能只考虑杀灭有害生物的效果,不考虑保护对象栽培作物以及栽培作物提供能源、生长条件和有利因素的影响与效果,必须树立以栽培作物为中心、建立良好农业生态系统的植保工作思想。

2.预防为主,防重于治

预防就是通过合理的耕作栽培措施,提高作物的健康水平和抗害、免疫能力,创造不利于病虫发生的条件,减少病虫的发生和减轻其危害。安全植物产品种植业生产中,必须贯彻以农业防治为基础的预防为主方针,通过改善农田生产管理体系,改变农田生物群落来恶化病虫发生、流行的环境条件;控制病虫的来源及其种群数量,调节作物种类、品种及其生育期;保护和创造有益生物繁殖的环境条件。

3.综合防治

在安全植物产品生产中,综合防治具有重要意义。开发绿色食品最基本的目

的是通过生产绿色食品保护自然资源和生态环境;通过消费绿色食品增进人们的身体健康。安全植物产品生产追求的是经济效益、生态效益和社会效益的统一。而在种植业生产中,必不可少的植保措施直接影响到安全食品目的的实现。综合防治管理体系的实施,才可能体现出具有经济效益、社会效益,包括环境保护在内的生态效益及综合协调四方面的统一,其宗旨和效果都与绿色食品的生产开发相一致,因此安全植物产品生产中必须特别强调综合防治这一植保方针。

4.优先使用生物防治技术和生物农药

绿色食品种植过程中,要充分利用有益生物资源即天敌对有害生物的抑制作用,培养或释放天敌,创造有利于天敌繁衍的条件。优先进行生物防治,发挥天敌的自然控制作用,可大大降低农药的施用量,减少对产品、环境的污染,这些自然界本身就存在的活体,随着自身死亡而降解,不会大量累积,较安全,对环境无污染,符合绿色食品生产的要求。

在必须使用药剂防治时,也应优先使用生物农药。与化学农药相比,虽然生物农药作用缓慢,但它们都来源于天然存在的动物、植物和微生物,一般说它们毒性较小,杀虫治病谱较窄,不易伤害目标病虫害以外的天敌、鸟类等,对作物不致长生药害,有利于生物多样性的发展,增强生态系统的自然控制能力,病虫一般对生物农药较少产生或不产生抗性,因此绿色食品生产中要优先使用,而在AA级绿色食品生产中只能使用生物农药。

5.必须进行化学防治时,要合理使用化学农药

利用各种来源的化学物质及其加工品来进行化学防治的方法相对于其他防治方法,具有速效直观,杀治范围广,使用方法简便的优点,在绿色食品生产基地建设之初,尚未形成良好的农业生态环境状况下,当病虫害大量发生或某些特殊病虫害发生时,鉴于我国目前经济和技术水平,有些还需要使用部分化学农药,作为应急措施来达到保护作物的目的,但必须严格按《生产绿色食品的农药使用准则》,科学、合理地使用。

4.2.3.2 有害生物防治技术措施

有害生物防治技术强调依赖于自然因素或自然因素的产物为主的“防”与“治”,协调与配合使用其他防治方法。有害生物综合防治技术的策略原则,一是充分发挥自然控制因素的作用,从农业生态系中绿色作物、动物、微生物和无机环境条件四个组成成分出发,调控其平衡;二是强调对病虫进行控制,将其危害控制在不足以造成作物的经济损失的程度,不是一味地要求彻底消灭。具体措施有:

1. 植物检疫

植物检疫是植保工作的第一道防线，也是贯彻“预防为主，综合防治”植物方针的关键措施。通过植检可以防治危险性病、虫、杂草等有害生物，经人为传播在地区间或国家间扩散蔓延。病虫分布有一定的地区性，但也存在扩大分布的可能性，传播途径主要是随农产品(种子、苗木、栽培材料等)的调运而扩大蔓延。一种病虫传入新地区，常常由于原产地或多年发生地的天敌及其他抑制因素没有一同传入，在新地区一旦当环境(气候、食物)适合时，便会大量发生，其危害程度有时比原产地更为严重。

绿色食品生产基地在引种和调运种苗中，必须依靠植检机构，根据《植物检疫法》的规定，做好植检工作。

2. 农业防治

通过农业栽培技术防治病虫害是古老而有效的方法，是综合防治的基础。绿色食品生产中科学的栽培管理技术可以起到调节作物地上地下理化和生物环境的作用，有利于作物的健壮生长，不利于病虫等有害生物的生存和繁衍，从而达到保健和防治病虫的目的。农业防治措施与正常栽培管理措施是一致的，不增加额外的防治成本，一般不会产生病虫抗性，出现杀伤天敌、污染环境等副作用。它在综合防治中属于一种起到自然控制作用的因素，其缺点是效果不迅速、不直观，此外受到地区和季节限制的局限。农业防治包括：选用抗病虫的优良品种、改进和采用合理的耕作制度、采用物理机械防治及其他防治新技术和生物防治法、合理地药剂防治。

4.2.4 其他管理措施

4.2.4.1 作物灌溉

灌溉就是在满足作物生理需要的同时来实现生态需要，既要保证作物需水要求，又使土壤及周围环境不受污染，达到节约水资源、改善作物环境、提高作物质量的目的。

1. 灌溉制度及其原则

对作物灌溉的灌水时间、灌水次数和灌水量合称为灌溉制度。降雨量及其在年内、年际的分配，是制定灌溉制度的主要依据之一。地下水位和土壤质地与结构,以及其对土壤水分的调控性能影响于灌溉制度。作物需水量是制定灌溉制度的另一基本依据。作物需水量与生产水平有关,在其他生产条件和因素一定时,作物产量随供水量的增加而提高,但达到一定程度后,在增加供水量会使增加的产量达到极限甚至减产,因此灌水要适量。好的灌溉制度应是省水和高效益的,合理灌溉制度在安全植物产品生产中要遵循一定原则:

(1)灌溉要保证绿色食品作物正常生长的需要。

(2)灌溉不得对绿色食品作物植株和环境造成污染或其他不良影响。

(3)应根据节水的原则,经济合理利用水资源。

(4)要同时抓好灌溉和排水系统的建立。

水分是作物生长必需条件,但土壤中水分过多影响土壤透气性,长期含水过多还会破坏土壤结构,降低土壤肥力,甚至还会导致土壤沼泽化与盐渍化,从而影响绿色食品作物的生长。农田水分过多还影响着农事活动的正常进行及其质量,尤其影响机械作业,所以在土壤含水量大时,还要进行排水除涝。一般年降雨量500～1 000 mm 和大于1 000 mm 的地区都要采取相应的排水措施。此外,为了防洪和围垦也都要求排水。灌溉和排水是积极改善田间水分状况的重要措施,绿色食品产地和基地在建有灌溉设施的同时,必须建有排水系统,能迅速排除田间过量的水,以减少洪涝灾害的影响。

2.灌溉措施及技术

(1)对灌溉水加强监测,并采取防污保护措施。绿色食品生产地块必须按绿色食品农田灌溉水水质标准进行监测,并注意保护和维护水质。特别是使用河流、湖泊水作为灌溉水源的地区和单位要经常注意监测上游或本地段有可能造成水质污染的污染源排放情况。绿色食品产地要避免使用污水灌溉,有污水过境的地域应划设隔渗地区,并加强对产地水源,包括地下水的水质监控。

如果农田水体已受到污染,则应采取控制污染措施来解决。减少污灌面积,少用和不用有污染的水灌溉农田;增施有机肥,施用腐殖肥料,用客土改良土壤;对已受到严重污染的地块应重新规划,用做扩建厂房,建造住宅;种植吸收某种污染物低的作物,以防止可食部位污染或种植吸收强的植物,尽快消除污染。

(2)总结和运用节水的耕作措施,并吸收先进的灌溉技术。我国劳动人民在长期农业生产生活中,积累了丰富的以蓄水、改土、防风蚀、水蚀为中心的节水经验,修建各种梯田、坝田、保水地埂;采用耕作措施来蓄水保墒,例如早秋耕、秋深耕、早春顶凌耙耱,以多接纳降水减少土壤蒸发;还有通过增施有机肥,改良土壤结构,增强土壤贮水保水能力,减少蒸发,同时促进作物根系发育,增强作物吸水和抗旱能力等。这些宝贵的传统农艺、经验,应加以总结和运用。

国际上为了节水,采取渠道防渗措施,采用喷灌和滴灌减少田间用水损失,20世纪70年代喷灌在一些工业发达国家迅速发展,但由于耗能较多,近年地面灌溉技术则进一步受到重视,如采用间歇灌、水平畦灌等供水方法,使水分均匀分布,减少深层渗漏和末端水分的损失。为了节能,采用低压喷灌、风力灌溉技术等。这些通过改进灌溉技术达到节能节水目的研究成果,都可供绿色食品生产基地借鉴和应用。另外,以盖膜保墒和膜上灌水技术为主的塑料覆盖农作是防止土面蒸发十分有效的一项节水农业措施,值得推广。

4.2.4.2 绿色食品与常规食品生产的隔离措施

安全植物产品生产与普通产品必须进行隔离生产。以绿色食品为例,在隔离时应注意以下几个方面:

1.距离

绿色食品的生产与常规食品的生产所使用的土地之间应有一定的距离。这一距离必须保证绿色食品生产基地的环境不受普通生产的污染和影响,比如污染物随地下水和空气的迁移不导致有机产品污染。

2.屏障

绿色食品与普通食品的生产之间应利用各种屏障进行隔离,包括地形、工程措施、生物措施,主要是降低污染物对绿色食品生产基地污染和影响的程度。如山峰、河流和野生植被等都是绿色食品隔离的有效手段,在规划时应充分应用。在进行绿色食品作物生产的农田周围还可以采取一些工程措施隔离。如起垄、篱笆等。垄作能使土壤耕层加厚、通风、排水,既提高表层地温、又保持水分。另外还可以采取有效生物防护措施,促使小气候适宜作物栽植的条件,如防风林、风障、覆盖作用、耕翻等。防风林可以减弱风力、改变风向、含蓄水源、调节温度、减弱寒流和干旱等对作物的危害,在较大面积农田的防护上起到重要作用。风障在局部小面积的防风与保温上起作用,覆盖如使用玻璃、薄膜、秸秆、生草覆盖等主要形式,其作用主要是增温保温、保墒、增肥。总之通过采取生物措施改善农田小气候,创造有利于绿色食品作物生长的环境是一项行之有效的措施。

3.明确的标记

在绿色食品生产基地边界每个非直线变化处都应有明确标准,以便与常规生产相互区别。

4.3 动物产品的安全生产

改革开放以来,我国畜牧科技水平有了很大发展,畜牧业已发展成为农业和农村经济的重要支柱产业。进入20世纪90年代,畜牧业现代化发展的步伐加快,尤其随着社会主义市场经济的建立和完善,畜牧业已经成为农民增收的主要途径。随着畜牧业现代化程度的提高,即高度的集约化和大规模工厂化养殖,生产操作全程机械化和管理自动化,按规定程序自动有条不紊地进行,这种现代化的畜牧业生产方式大大减轻繁重的体力劳动,有效地提高了劳动生产效率。但是随着规模养殖的蓬勃发展,千头牛场、万头猪场、百万只鸡场等大型养殖场产生的环境问题已引起人们的关注,动物产品安全的生产的管理越来越迫切,因此,动物产品安全生产的基本原则成为人们关注的重点。

4.3.1 动物产品安全生产的基本原则

4.3.1.1 动物产品安全生产的原则

安全动物产品的生产是一个整体系统,其设计力求生产力适度,农业生产系统中的各个群落间其中包括土壤有机质、植物、家畜和人相互协调。安全动物产品生产的主要目标是发展可持续并与环境相协调的生产企业。在生产中,畜牧生产是整个农业生态系统不可分割的一部分。从管理的观点看,这是传统畜牧业和安全动物产品的生产最显著的区别之一。因此,很有必要了解绿色食品动物业生产的原理和基本原则。归纳起来,安全动物产品生产的基本原则包括:

(1)保护环境,降低土壤退化和侵蚀,减少污染,使生物量适度,保持畜禽良好的健康状况。

(2)通过增强土壤中的生物活性来增加和保持土壤的长期肥力。

(3)保持系统的多样性,保护和提高本地植物和动物的多样性。

(4)在生产中,尽可能使物质和资源达到最大限度的循环利用。

(5)精心管理,促进家畜健康和满足家畜行为需要。

(6)从开始到销售保持食物和加工产品的完整性。

4.3.1.2 畜禽在安全食品生产中的作用

虽然畜禽是安全动物产品生产中的末端环节,但却是农场运行的一个核心,并且是一个农场是否成功的主要因素。在农场中,畜禽和畜禽产品是一个主要的收入来源,或者是一年收入的主要途径。

另外,家畜在有机物质循环中起着重要作用。营养物质通过畜禽粪便及其混合物返回土壤中,这样营养物质可以转到他们最需要的地方。饲料作物如苜蓿和牧草与大田作物轮作可以增加土壤有机质含量和提高有机农业系统中适宜种植作物的多样性。大量饲喂豆科牧草可以增加土壤中的含氮量,这些豆科牧草的根进入深层还可以把深层土壤中营养物质吸收出来。大田作物和牧草轮作还可抑制昆虫和疾病的重复发生。

在安全动物产品生产中,家畜起的另一个作用是控制杂草。虽然很少用家畜控制杂草,但这种方法很有价值。用畜禽控制杂草分直接和间接方法两种途径。家畜可去除牧场、农田和果园中的杂草,草莓地中放养鹅是去除杂草的一个很好的例子。一些农民还利用家畜翻耕土地,在种植蔬菜和谷物前用猪来翻耕新开辟的或原始土地,既可节约耕作的投入又可控制田间杂草。家畜还可用来促进堆肥的混合过程。各种各样的户外养鸡可以提高一季作物的土壤肥力,还可消灭牛场中的飞蛾。家畜可采食枯枝落叶——这些原来被人类利用的不好的植物材料。家畜可采食地上的落果,有利于降低果园中疾害的发生。

4.3.2 畜禽的安全生产

4.3.2.1 动物品种选择与幼禽、幼畜的培育

畜禽品种除了有较快的生长速度外,还应考虑对疾病的抗御能力,尽量选择适应当地条件的优良畜禽品种。畜禽品种的购入要经过检疫和消毒。

在安全畜禽生产中,人们必须认识到农业景观和气候的多样性,为了适应牧场的多样性,需要有一个多样化的品种。当前,由于经济的需要和家畜展览会的吸引,育种人员主要注重家畜的生产力。家畜的优异程度由育种机构和商品加工厂的标准来定,而很少有人注意到家畜的地方适应性,也可以说对生产消费投入注重不够。人们可以饲养高产的家畜品种,在短时间内生产出大量牛奶、牛肉和猪肉。但其负面问题也很多,包括生产成本大,家畜心脏功能弱,寄生虫病多等。

安全畜禽生产的畜牧业与传统畜牧业衡量生产力的标准是不同的。家畜的生

产力十分重要，但是其他特征，如母性、强壮程度、抗病和抗寄生虫的能力、耐粗饲能力以及对畜牧场的适应性也相当重要。

国际上，有机农业标准要求有机生产农场的所有家畜出生并饲养于有机农场，但标准对种畜有所放松。标准认为，每年10%的种畜可以来自非有机农场，但是，购入后如果这些大型家畜在有机农场饲养天数少于12个月，则不能作为有机家畜出售。现代繁殖技术如胚胎移植、同期发情激素的应用、用基因工程培育家畜在有机农业中都是不允许实用的。

4.3.2.2 畜禽的生活环境

畜禽的生活环境不仅直接影响到畜禽的健康生长，而且还间接地影响到畜禽产品的品质。因此，绿色养殖动物的生长应特别注意畜禽的生活环境、应激以及“动物福利”等因素。

1. 棚舍和圈舍

在绿色食品生产中，即便家畜在畜舍内的时间很短，也应保证有充足的躺卧、转动、伸展和进行一般社会活动的空间。拥挤会导致家畜应激并且家畜容易发生疾病。充足的畜舍还要求有干燥的休息地。把家畜始终系于一个固定的地方在有机农业体系中是不可取的。设计畜舍还应考虑以下几点：

(1)易于清理粪便。

(2)通风良好，空气流通。

(3)地板要求既不损伤家畜又不引起过分紧张和不安。

(4)在放牧季节可以放牧，在其他季节有运动的余地。

(5)家畜群体应合理稳定。

(6)动物被圈起时，应该圈在其同类群体的视觉和听觉范围内。

当家畜在户外时，要尽量避免夏季和冬季因素的影响。可以通过种植树木、防风林和建设可移动的畜棚来实现。只要有防风和防恶劣气候的设施，大家畜在冬季也可在户外活动。夏季遮棚同样重要。当气温升高到26℃、空气湿度高达50%～70%时，多种家畜会造成应激，猪和家禽最为明显。充足的洁净凉水可以降低应激，在热应激时，饮水量要加到30%。

放牧区的形状和大小也是一个重要因素。集约式轮牧，由于动物过分拥挤，会限制动物运动。比如奶牛不喜欢在一小块地区或长条形牧地放牧。如果一个小的牧地不打破畜群的等级制度，只要牧草质量高和寄生虫少，小区放牧造成的应激要小于大区放牧。

安全性是另一因素。自由放牧的小鸡易收到猎物的袭击。这种情况下放牧的小鸡应有保护环境或用某种方式把小鸡圈起来。

2.放牧密度

放牧密度的表转因家畜类型、地形、生产制度、本地的气候和其他环境因素而异。在农场中,放牧密度随牧地的载畜量而定,同时还要考虑到粪便的排放和饲草的需要量。欧盟有机农业标准规定,每公顷土地畜禽的承载量折合成畜禽的粪便排泄量不能超过 170 kg 纯氮。由于气候因素很难预测,再加上恶劣气候频繁发生,因此,在制定放养密度时要留些余地。过度放牧会导致寄生虫增加,影响家畜健康,引发家畜发生疾病。考虑放牧密度不仅是动物福利的问题,而且是农场主必须考虑的环境福利问题。凡是能够对家畜造成污染和引起土壤退化和侵蚀的家畜生产活动都是不合理的。有研究发现,在最适放牧量(而不是最大放牧量)的情况下,家畜在集约化套件下的生产力小于自然条件下的生产力。这一事实经常被单位空间的搞生产力和药物治疗减低疾病发生说产生的结果掩盖。

3.减少应激

在国外,畜牧业生产中一些常用的管理措施,虽然目前对家畜造成应激,但从长远观点看可以降低应激或对家畜安全是必要的。这些措施包括断尾、去角、去势、断喙和烙印。有机农业在这一问题上争议很大。有很多方法可以减少这些措施,比如给家畜提供一个足够的空间或舒适的环境就可以降低家畜间的争斗和不安。只要操作时把疼痛和不安减少到最低限度、卫生条件足以保证家畜不受感染,那么在有机农业中仍然允许使用去势、去角和羔羊断尾这些做法。日常管理要安静、轻松,尽量避免粗暴行为,管理员和家畜间的关系非常重要。在家畜运输和屠宰时也要考虑仁慈原则。降低家畜应激和消除电晕击之类的管理措施是必要的。其他降低家畜应激的方法有减少蚊蝇侵扰、减少灰尘、浓烟和不必要的噪声。对于突如其来的意外情况要事先做好准备,如必须设备不能工作、供电停止。有必要事先做好急救工作。

4.动物福利

动物福利的目的是消除各种应激,无论这些应激来自于不良的生活条件、恶劣气候、营养不良、高生产力的追求还是来自管理不良。采用高水平的动物福利是有机农场中的一个关键部分。为了满足动物福利的需要,有必要了解动物的生理、行为和心理;同时,在提高生产力和生产速度时也不要忽略这一点。在国外,基于社会对家畜的基本的尊重,人们认为有机农业是一个“仁慈”的行业。有机畜牧业生产要满足家畜下列需要:

(1)有易于获得的洁净水源。

(2)使用营养全价平衡的日粮。

(3)运动自由，给予家畜多种行为表现的条件。

(4)对异常现象、不适行为、损伤和疾病要及时发现诊断和治疗，尤其注意防疫工作。

(5)仁慈的管理和运输。

(6)仁慈的屠宰方式。

实施有机畜牧业生产的其他关键部分还包括要有一个熟练的管理人员以及选择和培育适应仁慈制度的家畜品种。欧洲对动物福利描述为动物应得到的自由，包括排除营养不良、物理不适、损伤、疾病和恐吓等。

北美的有机食品生产者协会制定的有机畜牧业标准规定，“所有控制家畜的设备必须有益于家畜一般社会行为、采食和休息”。并且提出一个家畜的环境应满足以下几点：

(1)放牧地足以能满足家畜的活动需要。

(2)具有充足的新鲜空气和阳光。

(3)能经常到放牧地，具有自由开放式通道和其他能够接触空气和土壤的运动区。

(4)适宜的歇息场所。

(5)不受强光、高湿、暴雨和狂风的侵扰。

(6)易于获得干净的水源和高质量的饲料。

(7)具有降低不合理设计、有毒物质、放电、噪声和其他环境因素所造成的对家畜行为和舒适产生副作用的设备。

4.3.2.3 动物的饲料与营养

1.对动物营养的基本要求

安全畜产品的生产首先以加强饲养管理为主，按照饲养标准配制日粮，饲料选择以新鲜、优质、无污染为原则，饲料配制做到营养全面，各营养素间相互平衡。所使用的饲料和饲料添加剂必须符合国家的有关规定、饲料卫生标准、各种饲料原料标准和饲料标签的有关规定。所用饲料添加剂和添加剂预混料必须具有生产标准文号，其生产企业必须有生产许可证。进口饲料和饲料添加剂必须具有进口许可证。绿色食品生产对饲料的规定包括：

(1)至少80%的饲料来源于已批准的绿色食品饲料生产基地或产地，符合绿色食品产地环境技术条件。

(2)允许20%以下的饲料来源于常规饲料。

(3)禁止使用鸡粪、牛粪或其他畜禽粪便。

(4)禁止使用转基因方法生产的饲料。

(5)禁止使用动物油脂、肉骨粉、骨粉。

(6)禁止使用工业合成的油脂。

绿色食品对饲料添加剂的规定包括：

(1)优先使用绿色食品生产资料中的饲料添加剂产品。

(2)营养性饲料添加剂的使用量不能超过其营养需要量。

(3)禁止使用尿素等非蛋白氮类饲料添加剂。

(4)禁止使用激素、安眠镇静类饲料添加剂。

(5)禁止使用药物性饲料添加剂。

2.安全畜牧产品生产对动物营养要求

安全畜牧业生产中，家畜营养最重要的原理是家畜饲养要适应家畜的生理特点。传统农业中可以见到由于违背家畜生理特点而引起的大规模的灾难，如英国的疯牛病。如果不按家畜的生理特点进行饲喂，至少会使家畜对疾病的易感性增加，或引起更多和健康有关的问题。

反刍动物可以直接利用人类不能利用的农副产品。反刍动物的基础日粮是粗饲料而不是精饲料。反刍动物可以消化植物中的纤维素和其他成分，并转化成蛋白质。反刍动物的这种功能是靠瘤胃中有益微生物菌群来实现的。饲喂精料会降低瘤胃中的 pH 值，从而使瘤胃微生物菌群发生改变，还可引起炎症。一旦发生炎症，有些细菌就可进入血液，从而引起一些疾病如脂肪肝、乳房炎、腐蹄病，还可引起繁殖率下降。

在配合日粮时，日粮平衡非常重要。也就是说，在配合日粮时，通过增加或减少蛋白质的百分比来达到日粮中的定额水平。如果日粮以高蛋白饲料(如红三叶草和苜蓿)为基础，那么要通过饲喂秸秆或干草来提高充足的能量，以便平衡过量蛋白。例如，一个高蛋白型日粮如果不平衡就会导致奶牛蛋白不足，乳蛋白率下降。在维持需要情况下，蛋白与能量的比为 1∶10，产奶时为 1∶4.6。反刍动物日粮中还可添加一些替代型饲草，如芜菁、甘蓝和洋白菜，但是，这些饲料要按精料对待，并且饲喂时要限量饲喂。160 头奶牛和 1 500 头绵羊一天要饲喂 666.7 m^2 的芜菁。按照生物动力学的观点，芜菁只能喂给成年家畜，尤其用来提高产奶量；而胡萝卜、甜菜等块根类适于饲喂幼年家畜。

猪是单胃动物，猪只喂给牧草型日粮不能很好存活，因此，猪需要更多的精料。猪可以利用多种饲料。禽类日粮也是精料型。猪、禽常用日粮是小麦和大麦。也有不少饲养者用放牧的方式饲养这类家畜。

当家畜需要大量蛋白质，并且饲喂豆科牧草和谷物不能满足需要时，有几种可供选择的饲料:脱皮燕麦(15%以上的蛋白)、豌豆、大豆、亚麻和葵花子。一些作物如亚麻和豆类含有抗营养物质如单宁、植物碱,因此这些作物的利用受到了限制。例如,产蛋鸡日粮中亚麻含量不能超过10%,禽类日粮中的亚麻含量不能超过7%。一般情况下,可以饲喂豌豆和大豆。通过增加饲料作物和牧草的多样性,可以提高饲料中必须微量元素和微量元素的含量,促进家畜健康。一般情况下,维生素和微量元素通过补饲供给。

4.3.2.4 畜禽的健康与疾病防治

1.绿色食品生产对畜禽疾病防治的规定

绿色食品标准规定,绿色食品生产者应严格按照《中华人民共和国动物卫生法》的规定防止畜禽发病和死亡。畜禽疾病以预防为主,坚持"防重于治"的原则。预防、治疗和诊断疾病所用的兽药必须符合兽药管理条例、中华人民共和国兽药规范、中华人民共和国兽药典和兽药质量标准的有关规定,其生产企业必须具有生产许可证,兽药产品必须具有产品批准文号。生产A级绿色食品畜产品允许使用规定的兽药,同时允许使用下列兽药制品:

(1)钙、磷、硒、钾等补充药,酸碱平衡药,体液补充药,电解质补充药,营养药,血容量补充药,抗贫血药,维生素类补充药和助消化药。

(2)血清,菌(疫)苗、诊断液等生物制品。

(3)允许使用安全的中药材,中成药及其制剂。在使用上述兽药时,优先使用绿色食品生产资料中的兽药产品。

在使用兽药时,应注意以下几点:

(1)进口兽药必须符合农业部进口兽药质量标准。

(2)严格按照规定的使用对象、使用途径、剂量及停药期执行。

(3)当被检食品中的兽药残留量超过《动物性食品中兽药最高残留限量》时,必须延长停药期直到不超过规定量的最高限量为止。

(4)禁止使用有致畸、致癌、致突变等毒副作用较大的兽药。

(5)禁止使用放射性药品。

(6)禁止使用解毒药。

(7)禁止使用激素类药品。

(8)禁止使用安眠镇静、麻醉、骨骼肌松弛、化学保定药等用调节神经系统机能的兽药。

(9)整理并保存患病动物的治疗记录,包括患病家畜的畜号或其他标志、发病时间及症状、治疗用药的经过、资料时间、疗程、所用药物的商品名称及主要成分。

(10)认证机构根据具体情况，抽检畜禽产品中的兽药残留量。

2. 有机畜牧业疫病控制原则

健康养殖和以防为主的原则：

(1)选择抗病并适合当地气候和环境特点的家畜品种。

(2)采用能满足动物生物学和生态学特性饲养的饲养方式并控制饲养强度。

(3)提供适合畜禽要求的生活环境，预防传染病，增强畜禽本身抗病能力。

(4)高质量的饲料配合、有规则地运动和放牧有益于提高牲畜自然的免疫力。

(5)保持合适的饲养密度，避免放牧和任何影响牲畜健康的问题。

有机农业中的兽药使用原则：

(1)优先使用有机农业标准和条例中列出的草药，如植物提取物(抗生素除外)、香精等，顺势疗法药物，如植物、动物或者矿物质、微量元素及其产品。非化学合成的对抗疗法的兽药或抗生素，如果治疗效果较好则只能在特殊情况下可以使用。

(2)上述物质允许在兽医的监督下使用。

(3)禁止使用化学合成的兽药或抗生素预防疾病。

其他规则：

(1)禁止使用促进生长或生产的物质(包括抗生素和其他在促进生长的人工制剂)和控制繁殖(诱导或发情调节剂)或其他目的激素类药物。激素可用于治疗牲畜个体。

(2)允许实施国家或共同体法律规定的对建筑物、装备和设施改善和对牲畜的医疗措施。当生产单位所在地区发生疾病时，可使用免疫药物。

(3)无论何时使用兽药，必须清楚地记录药品种类(包括主要的药理成分)、诊断细节、剂量、管理方法、疗期和清药期。这些记录必须在牲畜及畜产品作为有机产品销售时，上报给检查机构治疗过的大牲畜必须逐个标志，小家畜(如家禽)可逐个或成批标志。

(4)生产出有机畜产品与最后一次用药间的停药期应是规定时间的 2 倍。如果没有特殊指定，通常为 48 h。

(5)除了接种疫苗，清楚寄生虫治疗和其他国家规定动物检疫项目，牲畜或畜群一年中接受 2 次以上或最多 3 个疗程的化学合成抗性兽药或抗生素(或 1 次，若牲畜生长期小于 1 年)的牲畜及畜产品，不能作为有机产品销售。

3. 畜禽健康维护的措施

绿色食品农场中主要的家畜管理是疾病控制方面。如果应用整体思想，认为家畜健康是一种平衡状态，并且要求在日粮、饲养、管理和观察等方面都达到了平衡,那么家畜的医疗费用就会减少。绿色食品畜牧生产的目的是通过营养和育种手段来降低降序应激,保持家畜强壮、健康。如果牧场中的家畜经常发病或长期发病,就须对整个牧场进行检查,也可找兽医进行咨询。据报道,饲喂有机日粮的家畜比饲喂用高肥料生产的日粮的家畜的采食量少,发病率低。除了通过提供平衡日粮和优良环境来抵抗致病因子的影响外,还可通过以下方法来提高家畜免疫力,保持家畜健康:

(1)为了使家畜获得出生后可能发生的疾病的抗体,应保证让幼畜吃到初乳。新生仔畜出生后,肠道从初乳中吸收抗体的时间相当短(出生 12 h 后这种能力急剧下降)。为了急救的需要,手头应准备一些初乳。这些初乳可以来自于牧场内年龄较大的母畜。

(2)通过使用有益微生物建立非特异性免疫。牛犊饲喂乳酸杆菌可以增加肠道菌群的数量乳酸杆菌可以抑制大肠杆菌在肠道内的附着,从而使大肠杆菌排出体外。

(3)新引进的家畜应尽可能隔离起来,使之远离畜舍。畜群中的致病微生物虽然没有引起外在特征,但也有可能存在。家畜可能是病原菌的携带者,从而把病原菌带到畜群中,而导致整个畜群产生相似的疾病。

整体管理是有机畜牧业生产的特点。在不使用抗生素、驱虫剂、疫苗和矿物质添加剂的情况下,加拿大的 Taylor Hydc 设计了牛场的整体管理的几点做法,这些做法也适合于其他畜种:

(1)建立良好的人畜关系。改变传统观点,要认为家畜的所有疾病都是由养殖人员自己造成的,而不是由生物、气候、政治、法律或技术上的失误造成的。

(2)保持适宜的饲养环境。家畜饲养在合适的地方(避免过度灰尘、泥、冷风和炎症),可降低应激和避免免疫机能下降。

(3)家畜饮用水满足人类饮用水标准。可防止脱水和肺炎菌的繁殖扩散。

(4)定时定量饲喂。防止家畜饥饿或饮食过多,日最少饲喂量占体重的 2%。成年家畜日粮中的干物质最少占 8%,1 岁以下占 24%。一天中要有 8 h 的采食或放牧时间。

(5)日粮中的矿物质要平衡。饲料要多样化。在放牧区放牧时,家畜吃完牧地的牧草高度一半时,百变地块。这样能房子腐蹄病、红眼病和肺炎。

(6)减少草场粪便污染。放牧时,放牧地中的粪便要少(避免采食腐败牧草)。这样可以减少寄生虫的寄生、降低球虫病、痢疾、红眼病的发病率。

(7)保持日粮稳定。严禁突然改变日粮(如从干饲料变为多汁饲料,由高蛋白饲料改为高能量饲料)。这样可以避免肠毒、酸中毒、肺炎和痢疾。

(8)及时淘汰病残家畜。记录并淘汰所有病残家畜,淘汰空怀母牛。从经过严格选择的畜群中购买种畜。

(9)使用对动物友好的驱赶方式。用一些与动物有关的动物驱赶家畜,不能用暴力方式驱赶家畜。这样可以避免应激,在家畜管理中是一种值得推广的方法。

(10)保持饲粮运动。家畜保持每天都运动。这样可以避免肥胖,提高免疫力。

4.疫苗接种

疫苗接种只有在法律允许的情况下或牧场中确有某种病原菌,且这种病原菌用其他方法无法治疗的情况下才能使用。一般情况下,不赞同使用疫苗接种。接种既有好处又有坏处,它可抑制自身的免疫机能,还会给饲养者一种安全错觉。选用疫苗时,单联苗比多联苗好,多联苗会引起家畜免疫机能产生应激,一些家畜如妊娠家畜和泌乳家畜应激尤其严重。

梭状芽孢杆菌病一般用疫苗接种来控制。这些病菌通常需有诱发因子诱导才能发病,一般情况下不会发病。在管理良好的情况下可以避免这些诱发因子。例如,损伤是黑腿病、恶性水肿和破伤风的诱发因子。肠毒血症的诱发因子是寄生虫、缺乏运动、日粮改变、饲料中纤维含量少或日粮中淀粉含量高。

5.日常管理与维护

在养殖生产中,人们经常忘记的一件事情是对家畜的观察或对观察重视的程度不够。每天要有一定的时间观察家畜(就像放牧、饲喂、圈舍清扫等常规工作一样),并且要派一名细心的人进行观察,这样可以及时发现问题,及时改变管理方法。细心观察家畜或对观察到的事情迅速处理可以避免很多问题的发生,减少一些不必要的麻烦。对一个长期在牧场工作的人来说,如何观察家畜是不成问题的,然而那些新到牧场工作的人必须加强这方面能力的培养。每天对你管理的家畜观察一次,你会发现变化会越来越明显,这样有助于在问题严重起来之前就进行处理。

6.紧急疾病的处理

一旦发现家畜不正常应立即采取行动,使用兽药的天然替代物和草药和利用顺势疗法一般能取得很好的效果。及早治疗是关键,切勿等到家畜真的发病了再治疗。对于有机生产的畜牧业,当使用替代疗法不见效时,可在兽医的指导下利用传统兽药进行治疗。经常使用或预防性使用兽药是不允许的,如果使用,停药期时间要长,至少是传统停药期的两倍。某些情况下,肉用家畜使用抗生素就不能按有机产品销售。动物福利是首要的,因此在不能进行顺势疗法时,一味地为了保持有机而停止使用药物也是不可取的。用药确实能收到好的效果,有时必须使用药物以挽救家畜生命或避免不必要的顺势,但它不能根除病因。药物疗法通常会掩盖症状，降低动物的免疫机能，结果动物对其他疾病的易感性增加。疾病不能依靠药物来治疗，主要通过锻炼来提高其免疫系统的正常功能。

除了采取必要的治疗措施外，最重要的是研究疾病发生的原因。分析所有可能引起疾病的因素，包括从土壤到管理。然后，调整管理方式，从而防止此类疾病的再次发生。在有机畜牧业中，兽医方面的大多数问题是由于土壤不平衡而造成的缺乏症。同时，矿物质如钙、锰和适宜的 pH 是十分重要的。

4.3.3 水产品的安全生产

4.3.3.1 水产品的安全生产的原则

安全水产品的生产总的原则包括 3 个方面：一是渔业生产与养殖环境协调的原则。既有利于渔业发展，又有利于生态环境的良性循环。二是渔业投入品安全有效的原则。即物质和能量的投入产出效率高、浪费少、有毒有害物低于标准。三是渔业产出物安全、营养和健康的原则。能满足人类食品的消费对数量和质量的标准要求。绿色水产品须采用绿色渔业的生产方式得以实现。绿色渔业是现代渔业和我国传统渔业精华的有机结合。在渔业生产总体发展规划和结构调整中，突出生态的观念，赋予新的内容和理念。

4.3.3.2 水产品的安全生产技术体系与模式

安全水产品的生产技术应涵盖整个水产品生产的全过程，包括水产品的产前、产中、产后等一系列环节，是一个有机联系的整体。

安全水产品生产模式主要包括以下模式：

1. 水产科技园区绿色生产模式

以高质量的科技成果为核心内容，以高素质的技术队伍为依托，使科技优势形成产业优势，建立高效的绿色渔业生产基地。

2. 池塘生态养殖模式

绿色渔业与种植业、畜禽养殖业相结合，通过养殖系统内部的循环利用，达到对各种资源的最佳利用，最大限度地减少养殖过程中废弃物产生，形成适宜当地的自然条件和社会文化经济特点的池塘生态养殖基地。

3. 山区流水养殖模式

依靠山区优质无污染的渔业生产资源，采用流水健康养殖方式，生产绿色水产品，并与旅游、垂钓、餐饮业相结合，提高渔业综合效益。

4.水库增养殖绿色生产模式

利用水库的天然饵料资源，进行鱼类增殖和围栏、网栏、网箱养殖，使净水与养鱼富民得到协调发展。

5.稻田生态养殖模式

这种绿色生产实行种养结合，利用稻鱼蟹共生互利的原理，在稻田开展河蟹和鱼类的养殖，在不使稻谷减产的情况下，多生产绿色水产品，增加农民收益。在绿色水产品生产由现有生产方式逐步达到绿色生产标准，实现绿色养殖的同时，要根据市场需求建立水产品加工企业，养殖场按照企业的要求生产，企业按照市场需求加工，保障加工水产品的卫生和质量要求，提高水产品的附加值，创建品牌。以水产品加工企业为龙头，带动水产品的加工，开拓国内外市场，与绿色生产基地紧密结合，形成产业化生产加工经营体系。

4.3.3.3　水产品的安全生产技术规范

1.安全水产品产地生态环境质量要求

安全水产品产地环境的优化选择技术是绿色水产品生产的前提。产地环境质量要求包括绿色水产品渔业用水质量、大气环境质量及渔业水域土壤环境质量等要求。淡水渔业水源水质要求包括水质的感官标准：色、嗅、味（不得使鱼、虾、贝、藻类带有异色、异臭、异味）；卫生指标应符合水产行业标准的规定；海水水质的各项指标应符合绿色食品的行业规定。

2.绿色水产品生产技术规范

安全水产品生产技术规范包括渔药、饲料、农药、肥料的使用、加工过程质量控制及包装技术等。在绿色水产品生产过程中渔药、农药、饲料使用是水产品质量控制的关键环节之一，不合理使用渔药、饲料、农药、肥料不仅造成环境污染，而且使水产品中药物残留量超标。

（1）渔药使用准则　安全水生动物增养殖过程中对病、虫、敌害生物的防治，坚持“全面预防，积极治疗”的方针，强调“防重于治，防治结合”的原则，提倡生态综合防治和使用生物自己、中草药对病虫害进行防治；推广健康养殖技术，改善养殖水体生态环境，科学合理混养和密养，使用高效、低毒、低残留渔药；渔药的使用必须严格按照国务院、农业部有关规定，严禁使用未经取得生产许可证、批准文号、产品执行标准的渔药；禁止使用硝酸亚汞、孔雀石绿、五氯酚钠和氯霉素。外用泼洒药及内服药具体做法及用量应符合水产行业标准的规定。

（2）饲料使用准则　饲料中使用的促生长剂、维生素、氨基酸、脱壳素、矿物质、抗氧化剂或防腐剂等添加剂种类及用量应符合国家法规和标准规定；饲料中不得添加国家禁止的药物(如已烯雌酚、喹乙醇)作为防治疾病或促进生长的目的。不得在饲料中添加未经农业部批准的用于饲料添加剂的兽药。

(3)农药使用准则 稻田养殖绿色水产品过程中对病、虫、草、鼠等有害生物的防治,坚持预防为主、综合防治的原则,严格控制使用化学农药。应选用高效、低毒、低残留农药,主要有扑虱灵、甲胺磷、稻瘟灵、叶枯灵、多菌灵、井冈霉素,禁止使用除草剂及高毒、高残留、三致(致畸、致癌、致突变)农药。稻田养殖使用农药前应提高稻田水位,采取分片、隔日喷雾的施药方法,尽量减少药液(粉)落入水中,如出现养殖对象中毒征兆,应及时换水抢救。

(4)肥料使用准则 养殖水体施用肥料是补充水体无机营养盐类、提高水体生产力的重要技术手段,但施用不当(指过量),又可造成养殖水体的水质恶化并污染环境,造成天然水体的富营养化。施肥主要用于池塘养殖,针对的养殖对象主要为鲢、鳙、鲤、鲫、罗非鱼等。肥料的种类包括有机肥和无机肥。允许使用的有机肥料有:堆肥、沤肥、厩肥、绿肥、沼气、发酵粪等;允许使用的无机肥料有:尿素、硫酸铵、碳酸氢铵、氯化铵、重过磷酸钙、过磷酸钙、磷酸二铵、磷酸一铵、石灰、碳酸钙和一些复合无机肥料。

(5)养殖水体水质的要求 绿色水产品对于养殖用水处理提出了更高要求。水污染对于水生生态系统中的各种生物类群有着直接和间接的影响,使水体的初级生产力降低,并通过食物链(网)危害不同营养级的各种生物。

4.4 特殊产品的安全生产

4.4.1 野生植物产品的安全生产

野生绿色食品生产、采集基地的环境条件必须符合安全食品的生产基地要求,严格按照安全食品产地的环境监测规程进行监测、分析和评价,合格后才能被确认为安全食品的生产基地。目前,我国野生农产品的生产基地大多处于边远地区,远离城市和工业污染源,生态环境质量一般较好,很容易控制在绿色食品产地环境质量标准所要求的范围内。但产品的采集过程不同,野生农产品的采集地域范围广,涉及的采收人员文化素质差异大,时间跨度长,采集过程很难控制,由于利益的驱动很容易出现不符合的操作行为,导致野生植物生产力的降低和生物物种的减少,因此野生植物绿色食品的生产必须遵循一定的原则,满足一定的条件。

4.4.1.1 野生植物采集的基本原则

野生农产品采集的基本原则是,按照采收对象的生物学特点和采收地区的环境条件,在不超过采集对象每年能够自然恢复的数量范围内进行采集生产。也就是说,每年采收的数量不能超过生态学上物种的最大可持续产量。目的是为了保证该种生物资源的可持续利用,达到保护和利用的协调统一。

所以,野生绿色食品的采集生产必须遵循"采集行动应有利于维持和保护自然区域功能"的原则。即收获或收集产品时,应考虑生态系统的可持续性,不能引起生态系统的退化。根据这一原则和要求,野生农产品的采集应在以下方面进行质量控制:

(1)野生农产品应采自有明确土地边界的地区,而且这个地区应被安全食品的检查人员检查合格。

(2)采集地区在采集以前和采收过程中没有施用过化学合成物质的历史。采集区在采集之前的一段时间,比如说 3 年内应该没有受到任何禁止物质的污染。在有严重人为影响的地域如飞机喷药附近、烟尘和污染物扩散区等区域采集或收获的食品不能作为绿色食品。采集过程中,如施用过化学合成物质如农药、绿色食品的产品检测机构应该对产品残留物质进行分析,以确保农产品不受污染。

(3)野生植物必须是生长于可界定、能自我维系的、可持续的生产体系。收获或采集量不能对环境产生不利影响或对动植物物种产生威胁,不应超过该生态系统可持续的生产量,也不应危害到动植物物种的生存。

(4)在交通流量大的路边或其他有污染源的地方必须有足够的缓冲带。产品采集或收集区域应与常规农田以及污染区域保持一定的距离,即有足够的缓冲区。

4.4.1.2 野生植物采集的基地环境条件

从野生植物采集的基本原则和其生产的特殊性就不难理解环境条件在野生植物绿色食品生产中的重要性。因为野生植物不像栽培植物,在生产管理过程中需要各种施肥和病虫害防治等的管理,而在其生长过程中几乎不受任何有目的的管理,只在采集收获时才表现出生产的特点,因此采集产品是否可作为绿色食品主要取决于采集基地及周围环境条件。

同其他绿色食品产地的选择一样,野生植物绿色食品生产也要对产地生态环境条件进行现场调查研究。通过对采集基地及其周边环境质量现状的监测和污染源影响分析,对产地环境质量及其受周围环境影响的程度等作出合理的判断。如果植物生活、生长的环境受到污染，就会对植物的生长造成影响，或者通过水体、土壤和大气等转移在植物体内残留，影响野生植物的品质和质量，并通过食物链威胁人类的健康。因此，野生植物采集基地或区域的选择应遵循以下原则：

(1)采集区域应选择在空气清新、水质纯净、土壤未受污染、生态环境质量良好的地区。

(2)应尽量避开繁华都市，工业区和交通要道。避免在有污染物扩散的区域采集。

(3)对可能受污染的地区必须进行严格的环境质量监测，确保采集产品没有被污染。

(4)采集区域应远离常规种植的农田，避免农药等的化学物质的污染。

4.4.2 食用菌的安全生产

食用菌是可以食用或有食用价值的真菌。随着人民生活水平的提高，对食用菌的需求越来越多，并出现了多样化要求，并且同其他食品一样，对食用菌也提出了绿色、安全性的要求，即安全食用菌的生产。

4.4.2.1 野生食用菌的安全生产

野生食用菌是在自然条件适宜的生长环境下，自然生长的一些可食用的真菌。据统计，我国已知的食用菌已有 800 多种，其中许多是珍稀种类，如正红菇、大红菇、青头菇、美味松乳菇、美味牛肝菌、鸡油菌、干巴菌、美味羊肚菌等都是著名的野生食用菌。这些土生的食用菌多数是与树木共生的外生菌根食用菌，人工栽培困难。世界卫生组织(WHO)和联合国粮农组织(FAO)要求，新食品资源的开发应符合“天然、营养、保健”的原则。绿色食用菌的生产要在这三个要求的基础上，强调食用菌的安全性，即要求食用菌在其生产过程中没有受到污染物质的干扰，不会产生致畸、致癌和致突变的问题。

1. 野生食用菌的采集原则

野生食用菌的采集同野菜、野果的采集类似。首先要求采集区域的环境条件优良，符合绿色食品生产基地的环境质量要求，特别是生长真菌的小生境的环境质量，不能有任何的污染。其次，食用菌的采集不能导致菌种退化或消失，必须能维持菌种的可持续的再生产过程。

2. 野生食用菌生产过程中应注意的问题

有些真菌有很强的毒性，与某些可食用菌种很相像，如有毒的伞形毒菌，尤其是能致人死命的毒伞，很容易与可食种相混淆。所以采集野生真菌，必须确认是可食用种，要学会辨认一些常见的可食用菌和一些致命的有毒菌种。还要了解各种真菌的生长发育条件及其分布。树生真菌生长在树干或树桩上，个体通常较大，羽状无毒，分布很广。但生长于地面土壤中的地生真菌，有些毒性非常大，伞形真菌中任何切开的伤口处菌肉变黄的种类都有可能有毒。如黄斑蘑菇，外形与其他伞形真菌非常相似，但菌株破损处会出现黄色污斑，基部有很明显的亮黄色斑，在夏、秋季草地和森林中都有分布，但它是有毒菌种。还有一些真菌本身并没有毒性，但与其他食物一起食用时会中毒，如墨水帽（*Coprinus comatus*），夏、秋季节群生于开阔草地之中，通常采集菌褶仍为白色的幼株食用，但它与酒同时食用会中毒。采集牛肝蕈类时，要注意避开任何带有淡紫色或红色孢子的菌株，除非确信并熟悉其为可食种，因为具有这类特征的真菌都是毒种。如果是到远离居住区的天然环境去采集野生真菌，也要注意结伴而行和必要的防护措施。

4.4.2.2　人工栽培食用菌的安全生产

食用菌的栽培需要具备的条件有：

(1)栽培材料，包括主要材料和辅助材料。主要材料是生长食用菌的培养基，如野外砍伐的树木、段木在室外用种木接种进行栽培，也可以用麦秸秆等在室外栽培或用混合培养基进行瓶装或袋装栽培等。辅助材料是指那些为促进菌种生长而添加的营养物质、为防病虫害而添加的防治剂以及为保持食用菌生长需要的湿度而加的诸如石蜡、矿物油等的防水剂。

(2)栽培菌种。

(3)栽培场地及培养所需要的环境条件，特别是水分条件。

绿色食品食用菌的生产也要从其生产的各种条件进行控制，总的原则是生产的食用菌产品不能对其消费者的健康安全构成威胁。所用的培养基中的任何材料如秸秆和树木不应该有被化学农药、激素等有毒有害化学药品处理过。如目前我国广大棉花生产区几乎没有不使用化学农药的地区，所以采用这些有化学农药残留的棉花秸秆做栽培材料生产的蘑菇不能作为绿色食品。

以绿色食用菌生产为例，生产的具体标准主要包括以下几方面：

(1)培养基　食用菌生产的培养基必须是来自有机生产的产品或者经认证的天然来源的材料。禁止使用合成肥料或杀虫剂之类辅助剂。用来防止水分散失的木料和菌丝体的涂料必须是食用级的石蜡、乳蜡、矿物油或蜂蜡。只要来源清楚，蜡可以循环利用。禁止使用由石油制得的涂料、乳胶漆和油漆等。

(2)菌丝体　菌丝体的选择要适宜，其来源要清楚，尽可能采用已经颁证的有

机菌丝体。

(3)害虫和杂菌　对害虫和杂菌的预防性管理禁止使用任何化学杀虫剂。可以进行必要的清洁卫生，适当的空气交换和去除受感染的菌族等管理。如可以采用稀氯溶液淋洗消毒、紫外线消毒等方法控制杂菌；采用机械控制措施如诱饵和设置物理障碍，利用天敌和寄生虫等的生物控制或绿色食品认证组织认可的天然杀虫剂，如外激素或性引诱剂、硅藻土、杀虫皂液等控制方法防治虫害。

(4)培养场地及条件　蘑菇栽培区域的环境条件也应该符合绿色食品产地的环境质量标准，特别是大气环境，直接与农田相毗邻的蘑菇栽培区需有 30 m 以上的隔离带，以防止农药肥料或其他化学合成物质等农业漂浮物的影响，在培养场地和周围禁止使用任何除草剂。栽培食用菌所需的水只能用清洁的井水、河水及池塘水，在城市也可以使用经氯处理过的水，禁止使用明显有污染的水。

(5)收获及后续处理　最大限度地保证在收获、储存和运输过程中产品的新鲜度和营养成分。要在适当的成熟度时开始收获，迅速进行冷冻处理或干燥处理，在清洁的场所包装，用干净的容器低温储存。

只有符合以上标准操作过程的食用菌生产，才可能得到绿色食品或有机食品食用菌生产的认证，才能成为绿色食品。

4.4.3　蜂产品的安全生产

蜂蜜绿色食品的生产主要受蜜源植物质量和人工管理蜂群的影响。所谓蜜粉源植物就是分泌花蜜可供蜜蜂采集的植物或产生花粉可供蜜粉采集的植物。大部分被子植物既产生花蜜，又有花粉。蜜源植物是蜜蜂的饲料源泉，是发展养蜂业的物质基础。蜜蜂采蜜距离可到 1～2 km，最远可达 5 km。所以蜂蜜绿色食品的生产应该了解附近 2～5 km 以内的主要蜜源植物和辅助蜜源植物的种类和数量，有计划的发展和保护蜜源植物，在这一范围内的蜜源区不能有化学物质的污染。

此外，蜜蜂饲养过程中的每一个环节，包括采蜜区、蜜蜂的喂养、蜜蜂疾病的防治，以及蜂蜡原料和蜂王的培育，都必须满足绿色食品蜂蜜生产的要求；蜂蜜的收获和处理过程中要进行蜜蜂驱赶、蜂房脱盖以及清洁等过程，期间所有的驱赶器、脱盖方法以及蜂蜜的清杂和接触蜂蜜的各种材料都应该遵照绿色食品蜂蜜的生产标准，而且必须经过定期的检查认证。

许多地区良好的生态环境为蜂蜜绿色食品的生产创造了有利条件。概括地讲，绿色食品蜂蜜的采蜜区应该位于绿色食品管理机构承认的区域，采集区应有明确的边界，必须离高尔夫球场和城市工业污染源，交通要道等有一定的距离，防止

农药化肥和大气对蜂蜜的污染。养蜂场内不使用绿色食品标准禁止使用的农药和肥料。蜜蜂的饲养应以蜂蜜和花粉为主，而且蜂蜜和花粉应源于已经被绿色食品管理机构认证过得养蜂场。在特殊情况下，比如没有其他任何蜜蜂食料、蜜蜂有可能死亡时，可以饲喂糖或糖浆，但喂养的量和比例要严格控制。严禁从已经喂了糖浆的孵化箱中提取蜂蜜。蜜蜂疾病的防治应以预防和物理措施为主。在筛选蜂群时，应保留最强壮的蜂群，淘汰脆弱的蜂群。对有病的蜂群，应在医治区内进行医治，不允许使用抗生素。同时禁止使用磺胺类药物和其他化学合成的药物，以便降低蜂蜜产品中抗生素物质有可能对人体造成的伤害。

具体的绿色食品蜜蜂饲养和蜂产品加工的标准主要包括以下内容：

4.4.3.1　蜜蜂采蜜区

养蜂场应设在已经过绿色食品认证的农业生产区或有机食品认证组织认证的地方或至少 3 年未使用过化学物质的自然植被区内。保证蜜粉源物质的质量符合绿色食品标准。

鼓励在非常接近养蜂场的地方大量种植饲喂蜜蜂的农作物，蜂场附近必须有清洁的水源，在整个季节必须提供蜜蜂充足的绿色或有机组织认证的食物。

蜂箱必须置于远离常规农田和远离受到污染的公路和铁路的地方（至少 3 km 以外），通知养蜂场周围的农民，防止蜜蜂被他们喷洒的农药杀死。如果蜜蜂有可能利用在喷洒过认证组织规定不能使用的农药的农作物上采蜜，则禁止把养蜂场设在离这些作物 3 km 以内的地区。

养蜂场不得置于离垃圾场或垃圾填埋场 3 km 以内的地区，也不可以设在离高尔夫球场 3 km 以内的地方。

4.4.3.2　蜜蜂的喂养

蜜蜂的生命周期要求养蜂期间积累足够的备用食物，以备蜜蜂过冬。蜜蜂喂养允许用来自某个已经获得绿色食品颁证的蜂蜜和已知来源的颁过证的蜜蜂花粉等来喂养蜜蜂。

允许利用蜂蜜作为蜜蜂的主要来源食物，在流蜜盛期，禁止用糖或糖浆喂养蜜蜂。除非不得已在蜜蜂有可能死亡时，可以饲喂糖或糖浆，喂养的量和比例应严格控制。但如果喂食了糖或糖浆，至少在 4 个月内，该蜂箱的蜂蜜不能作为绿色食品。也就是说 4 个月后该蜂箱才能进行有机蜂蜜生产，并在该使用该蜂箱进行有机蜂蜜生产以前，将所有的蜂蜜残渣清除干净。

严禁从已经用了糖浆的孵化箱中提取蜂蜜作为绿色食品。

4.4.3.3 疾病的防治

保留最强壮的蜂群，淘汰脆弱的蜂群，选择良好环境的地方。定时检查蜂箱，定期清洗和消毒设备（挂擦、火洗、漂白水洗、醋酸洗、苏打水洗和钾碱洗）。把明显有病的蜂箱放在医治区内。必须销毁受疾病严重污染的蜜蜂使用过得蜂箱。捕捉蜂巢子脾上的寄生虫（雄性）。允许用薄荷醇控制蜜蜂呼吸道寄生螨。在蜂蜜的生产过程中禁止使用抗生素，担当整个蜂群的健康受到威胁时可以使用抗生素类药物。经抗生素处理后的蜂箱必须立即从有机生产中撤出。使用抗生素后马上取出的蜂蜜不能作为绿色食品。禁止使用磺胺类药物和其他化学药品。在流蜜期和流蜜盛期，严禁用药物处理蜂蜜。

4.4.3.4 产品收获处理

1.蜂蜡

用于有机或绿色养蜂业的蜂蜡只能是来自有机或绿色养蜂单位生产的。蜂蜡加工单位应使用特定的加工方法，确保生产出供应有机或绿色养蜂场的“有机”或“绿色”蜂蜡。来源不明的蜂蜡禁止使用。在蜂蜜生产中使用的蜂巢必须是用有机蜂蜡制成的。在蜂蜡提炼过程中，最大的热处理温度应控制在35℃以下，或正常的室内外温度。

2.蜂蜜

严禁使用化学排斥剂。如果需要的话，可以利用吹风赶蜂或烟雾发生器把蜜蜂从蜂箱中赶出去。禁止使用化学驱蜂物质，禁止使用氰化钙等化学物质作为熏蒸剂。

禁止使用消灭蜂群取蜜的方法。允许使用摇蜜机取蜜，但温度不能超过35℃.蜂箱管理和采集蜂蜜的方法应当以保护蜂群和维持蜂群为目标；采集完蜂蜜以后不得毁掉蜂群。蜂蜜加工厂禁止使用任何不能调节温度并会造成全部或部分摇出的蜜发热至45℃以上的任何设备。加热最高不超过35℃，加热工程越短越好。

最好采用机械性脱盖，而不是采用加热性蜂房脱盖。不允许使用细网过滤器过滤杂质，而是通过重力作用使蜂蜜中的杂质沉淀出来。接触蜂蜜的所有材料表面应当是不锈钢，或用蜂蜡覆盖过。盛装器具的表面必须用食品或饮料包装中许可的涂料涂刷，并用蜂蜡覆盖。蜜蜂不能与电镀的金属或表面可氧化的金属接触。

蜂蜜提取设施必须杜绝蜜蜂进入，从而防止蜜蜂偷食蜂蜜和疾病的传播。提取设施应当非常清洁，每年由绿色食品认证机构的检查员进行检查。提取设施应光亮如新并配有清洗设施，这些清洗设施能每天提供大量新鲜、干净的热水供设备清洗。将聚积在蜂蜜提取地区的蜜蜂收集起来用水冲洗，清洗后的蜜蜂应当置于附近的蜂箱中把它们处理掉。

存放蜂蜜的桶必须来历清楚，经清洗后储存在室内。如果不是新桶的话，则这些桶原先必须用于储存食品的，最好给这些桶涂上蜂蜡。已被氧化的桶禁止使用。

蜂蜜处理房间的墙和地面必须密封好，以防止害虫和鼠类的入侵。提取设施应避免受到苍蝇之类害虫的影响。摇蜜室和包装室应全部蜜蜂，不受害虫侵扰。对于杀虫方法，除上述蜂蜡防护技术外，只能使用物理方法或诱捕陷阱和电器捕捉器来预防寄生虫。

4.4.3.5　蜂蜜、养蜂架、蜂蜡和蜂箱的储存

成品蜂蜜的储存温度要求稳定，密封包装，以避免蜂蜜变质。蜂蜜在作为有机产品出售前，最长可以储存 2 年。禁止对储存的蜂蜜和蜂产品使用萘控制蜡蛾。

4.4.3.6　蜂王和蜂的饲养

鼓励交叉培育不同类型的蜜蜂，为了防止疾病的传播，应饲养自己的蜂王。允许培养人工蜂群和购买成批的蜂群。可以进行有选择的育种，允许采用人工授精。禁止在秋天捕杀蜜蜂群体。

4.4.3.7　蜂群管理

采蜜人必须遵守国家和地方颁布的法令。只有当没有其他办法可以采取时，绝对必须的情况下，可以用抗生素防治疾病。应特地选用土霉素、地霉素等半排出期短的抗生素。抗生素的使用只是一种最后的手段，并不鼓励。但是疾病传播给附近的养蜂人也是不受欢迎和违反道德规范的。如果确有必要使用抗生素，养蜂人必须将抗生素拌在纯花粉（蜜蜂采蜜的花之花粉）糖丸内以防止被蜂蛰，并裹在行之有效的物质之中饲喂蜜蜂。放置的离饲养区越近越好。在流蜜期到来之前，应检查蜂箱底，确保没有残留糖丸。也可以将孵化箱架浸入含有抗生素的糖溶液中。这样就保证了饲喂在箱中的幼蜂对抗生素溶液的吸收。不允许将抗生素混合在碾成粉末的糖衣中后撒在蜂箱上，因为这种做法会使抗生素粉末落在蜂箱底部，并会被蜜蜂带入蜂箱，从此使收集的花粉也会被污染。在 4 月份之后，不能用含有抗生素的糖浆喂养蜜蜂，因为这种做法会阻碍抗生素在蜜蜂腹内的存留，更不用说吸收了。严禁使用糖丸补充剂。

如果采用上述做法，养蜂人必须提供更具生物和生态性的方法对疾病控制毫无作用的证明。养蜂人必须提供有机疗法或生态措施的发展情况。每次使用抗生

素或化学产品控制寄生螨后，或每次正常施化学产品(如化肥、控制杂草和害虫的农药等)于周围地区后，都需要做残留实验。装桶前，从蜜罐中抽样检验。如残留物检出，则此中蜂蜜不得再作为绿色食品蜂蜜出售。在未经认证的情况下，不准使用绿色食品标签。

4.4.4 茶叶的安全生产

茶叶作为世界三大饮料之一，其中含有丰富的人体营养必需元素。但随着化肥农药的大量使用和工业三废的污染，常规食品的卫生和安全性直接影响到人体的健康，所以在人民生活水平不断提高的同时，他们对茶叶质量的要求除了传统的“色、香、味、形”之外，更看重茶叶的安全性指标，如茶叶中农药的残留量和对人体有危害的物质的含量。因此，绿色茶叶的生产更具有可持续发展的潜力，它可以为社会提供更多的卫生、安全、无污染的绿色茶。目前大多数名优茶基地地处山区，远离工业污染源，生态环境优越，具有发展安全茶的良好基础。

所谓安全茶是指在符合绿色食品基地的土地上生长的，不用工业合成的化肥、农药、生长调节剂和化学添加剂等生产的茶叶。所以，要生产安全茶叶，必须从茶园的管理，包括耕作管理、土壤管理、杂草和病虫害管理以及采茶、修剪等管理过程，到茶叶的加工、储存和运输等都遵循安全食品茶叶的生产标准。

4.4.4.1 基地选择

生产绿色茶叶的茶园或基地应选择在远离城市、远离工厂、远离居民区的深山或半深山区，以利于防止城乡垃圾、灰尘、工业废水废气以及人类活动给茶园带来的污染。一般要求茶园四周应有深林，使茶水常处于云雾笼罩之下，这有利于提高茶叶的自然品质。茶园周围 100 m 内不能设有厕所，粪坑、牲畜圈等。基地范围内及附近(特别是水源上游)无工业污染源，土壤、大气和水源没有受到污染。

4.4.4.2 土壤管理

土壤是茶树的立地之本，也是茶叶生产的主要生产资料。因此，保护茶园土壤资源、提高茶园土壤肥力是发展绿色名优茶生产的重要方面。绿色茶园土壤肥力的维持和提高，应避免化肥的应用，而主要提倡在茶园的行间种植豆科绿肥或饲料作物。适期中耕、割草铺园，结合土壤深耕，将修剪的茶枝和清除的杂草覆盖于茶树根部或埋于土中，以此来改良土壤理化性状和提高土壤的生物活性。或施用本区域生产的经过 1～6 个月充分腐熟的有机肥料或区外未受污染的有机肥料来培肥土壤。对林木覆盖率高的茶园，应实行减耕或免耕。提倡使用生物(如蚯蚓等)来改善土壤结构，提高土壤肥力。严禁使用化学类、石油类以及氨基酸类除草剂、增效剂和土壤改良剂。

4.4.4.3　茶园杂草管理

茶园中杂草的管理，严禁使用化学除草剂，而主要采用人工和机械的方法及时清除茶园中的杂草。允许利用植物相克作用防治杂草。

4.4.4.4　茶园病虫害防治

名优茶安全生产的茶园的病虫害防治，要着眼于生态平衡和增强茶树体本身抗逆性的高起点进行。通过选用抗逆良种、改良土壤肥力和通透性，保护有益鸟虫等生物资源和进行辅助性的农药、物理、生物防治来建立起茶园与环境相协调的生态平衡系统，达到防治病虫害和茶树保护的目的。

允许使用生物农药(包括植物制剂和微生物农药)防治茶树的病虫害。保护和利用自然天敌，进行病虫的生物防治，也允许使用人工饲养的天敌。

在深秋封园时，允许使用石硫合剂和波尔多液，以减少次年的病虫发生量。使用波尔多液应注意土壤和茶叶中的铜积累，不能超过绿色食品基地标准。

如果茶园大面积发生病害，修剪的病枝需运到绿色茶园区外或不影响茶园中其他茶树的地方进行焚烧处理。避免病原的扩散传播。

4.4.4.5　茶叶的采摘

茶园茶叶的采摘应遵循“采留结合、量质兼顾和因园制宜”的采摘原则，做到留叶采、标准采和适时采等合理采摘的技术环节，以保证茶叶可持续生产。

为获得有机名茶生产较高的经济效益，宜主采春茶，少采夏茶，养好秋茶。在平均气温较低的茶区，宜单采春茶，留养夏秋茶，以提高茶树自身的养分制造能力和抗逆能力，促进主采期茶芽的健康生长。由于单采或主采春茶在茶树养分平衡与育芽、萌发生长能力、采摘轮次时间的限制，茶园的轻修剪，除平地高积温茶园可采用春前平形或弧形剪外，山区低积温茶区，应实行春前不剪或少剪，春后再修剪。并考虑名优茶质量与市场、效益的相互关系，鲜叶采摘实行偏小偏早嫩采，尽可能地激发茶萌发潜力。手工采摘提倡双手采，保持鲜叶芽叶的完整、鲜嫩、匀净，不夹带蒂头茶果和老枝叶。

为保证茶叶的质量，操作人员需经培训且技术熟练，采摘要求可根据茶棚、长势及茶类要求自行掌握。采茶机动力必须使用无铅汽油，并防止汽油，机油污染茶园土壤和茶树。

采摘的鲜叶必须盛装在清洁、通风的器具中，建议使用竹匾、网眼茶篮或篓筐，装叶量不得超过150 kg/m^3。不得使用布或塑料袋等软包装材料。

在鲜叶盛装与储藏、运输过程中，应注意轻放、轻压、薄摊、勤翻等，以减少机械损伤。切忌紧压，日晒、雨淋，避免鲜叶升温变质，影响产品质量。

4.4.4.6 茶叶加工

采摘的鲜叶必须经过炒制加工，才能成为成品的茶叶。绿色有机茶产品包括绿茶、红茶、青茶、黑茶、白茶、黄茶等茶类的粗制品和精制品。有机茶制作进程必须执行国家食品卫生法和食品加工标准。尽量使用有机认证的花卉香料、水果（柠檬）和油料作拼料，在没有其他替代拼料，又不能获得认证的情况下，允许使用自然界中的花卉香料和油料，如茉莉花和乌柏油等。

在加工过程中只能以物理的方法处理，只允许自然发酵。有机茶加工应尽量使用可再生能源，尽量避免把木材用作茶叶加工厂的燃料。茶叶炒制加工场所也应整洁、干净远离大气的污染源，避免粉尘杂质等的污染，不受有害动物和昆虫的侵扰。加工应该与常规的产品分开进行，采用专用设备，如果不得不与常规产品共用同一套设备，则在常规产品加工结束后必须对设备进行彻底清洗，并不得有清洗剂的残留。

4.4.4.7 茶叶储藏和运输管理

绿色食品茶叶的储运，除遵循一般绿色食品的储藏和运输管理要求外，还需保持干燥，茶叶含水量应符合国家茶叶出口标准。仓库内应配备去湿机或其他去湿材料。并且采用通风、密封、吸潮和降温等措施，定期检查有机茶的含水量。用生石灰作为茶叶的防潮去湿物品时，应避免茶叶与生石灰的接触，并定期更换。密封包装材料除符合食品卫生标准的要求外，必须保证密封质量，以延长绿色茶产品的保质期。

安全农产品生产复习题

1.如何评价无公害食品？

2.影响无公害食品产品安全质量的主要因素有哪些？

3.目前食品安全面临哪些问题，安全食品的出现有什么意义？

4.什么是绿色食品，绿色食品必须同时具备哪些条件？

5. 与传统农业生产相比，有机食品生产有哪些优势？

6. 无公害食品、绿色食品、有机食品各有哪些特点？

7. 绿色食品、无公害食品与有机食品有什么关系？

8. 简要说明安全食品实行的“从土地到餐桌”全程质量控制。

9. 分别简述绿色食品、无公害食品、有机食品认证机构及认证方法。

10. 结合有机食品的主要特点，简述有机农产品生产和加工的主要原则。

11. 绿色食品与传统食品相比有哪些优势？

12. 简述绿色食品标准的内容及绿色食品标准化的意义。

13. 根据当前的国际农产品贸易形势，说说我国以开发绿色食品为突破口有什么重要意义？

14. 结合实际，谈一谈为什么绿色食品是社会发展的自我选择？

15. 浅谈发展绿色食品产业的重要性。

16. 针对我国目前经济农业的发展状况，发展绿色食品对我国有哪些现实意义？

17. 伴随着常规农业为代表的农业发展，世界农业仍面临着哪些问题？

18. 简述安全农产品生产的起源与发展。

19. 面对世界农业发展引发的诸多问题，对我国的农业发展有哪些借鉴之处？

20. 以有机农业为例，分析各种农业替代方式和食品生产的发展历程。

21. 我国农业进入常规现代化的阶段以来，农业发展面临着哪些挑战？

22. 结合我国农业现状，谈一谈为什么走可持续发展的道路必须首先从农业入手？

23. 中国生态农业的内涵是什么，有哪些基本特征？

24. 绿色食品在我国的发展经历了哪几个重要阶段并相应取得哪些成果？

25. 目前我国安全农产品发展现状如何？

26. 随着我国安全农产品的快速发展，推广安全农产品行动可采取哪些措施？

27. 简述安全植物产品生产中产地选择任务的目的与意义。

28. 产地环境调查与监测包括哪 3 个方面？

29. 外源污染与产地环境要素包括哪些？

30. 内源污染调查包括哪些要素？

31. 产地的环境污染包括哪些方面，控制各类污染的主要方法有哪些？

32. 安全植物产品生产产地的污染途径是哪两类？

33. 安全植物产品生产的生态建设包括哪些方面，其总目标是什么？

34. 绿色食品生态建设的内容与技术主要包括什么？

35. 生产性的引种应该注意哪些方面？

36. 作物种子和种苗的选择包括哪3个步骤？简述各步骤主要内容。

37. 简述建立合理的耕作制度的意义及主要要求。

38. 轮作的概念及作用是什么？

39. 间、套种对提高作物产量的作用有哪些？

40. 简述轮作及间套种的主要模式。

41. 稻田轮作大致分为哪3个类型，其各有什么特点？

42. 简要分析几种套作各自的特点。

43. 什么是土壤肥力，土壤管理与肥料使用的重要性有哪些？

44. 施肥对绿色食品产生哪些影响？

45. 安全作物生产的施肥应遵循的哪些原则和要求？

46. 绿色食品生产对化学合成肥料有哪些特殊要求？

47. 简述有害生物防治的基本原则。

48. 在安全植物产品生产中，综合防治具有什么重要意义？

49. 绿色食品种植过程中，为什么要优先使用生物防治技术和生物农药？

50. 简述有害生物综合防治技术的策略原则及具体措施。

51. 农业防治的优缺点有哪些，农业防治包括几个方面？

52. 简述灌溉制度及其原则。

53. 对灌溉水加强监测，应采取哪些防污保护措施？

54. 总结运用节水的耕作措施。

55. 安全植物产品生产与普通产品必须进行隔离生产，在隔离时应注意几个方面？请概述相关方法。

56. 简述安全畜禽产品生产的基本原则。

57. 动物产品安全生产的原则有哪些？

58. 畜舍的设计应考虑哪些问题？

59. 北美有机畜牧业标准规定中提出一个家畜的环境应满足哪几点？

60. 简述动物营养的基本要求以及安全畜牧产品生产对动物营养要求。

61. 绿色食品生产对饲料有哪些规定？

62. 绿色食品生产对畜禽疾病防治的规定有哪些？

63. 简述在使用兽药时应注意的问题。

64. 有机畜牧业疫病控制原则有哪些？

65. 简述水产品的安全生产的原则。

66. 简述水产品的安全生产技术体系与模式。

67. 简述鱼药、农药、饲料的使用原则。

68. 谈谈你对我国动物产品生产现状的看法。

69. 禽类的安全生产应考虑哪些问题？

70. 谈谈你对动物福利的看法。

71. 我国畜禽生产中主要面临的疾病有哪些，一般会采取哪些措施来防治疾病？

72. 试述有机食品和无公害食品、绿色食品的概念及其区别。

73. 如何维护畜禽的健康？

74. 谈谈你对畜禽整理管理的看法以及有机畜牧业生产中如何做到整体管理。

75. 畜禽疫苗接种有哪些优缺点，接种时应注意哪些问题？

76. 谈谈你对畜禽日常管理与维护的看法。

77. 当畜禽发生紧急疾病时，应如何进行处理？

78. 水产品的安全生产技术规范应考虑哪些方面？请简单论述一下。

79. 谈谈我国水产品生产中面临的安全问题，你有何应对措施？

80. 谈谈你对有机畜牧业的看法以及我国有机畜牧业的发展现状。

81. 野生植物采集的基本原则有哪些？

82. 野生农产品的采集应在哪些方面进行质量控制？

83. 简述野生植物采集基地或区域的选择应遵循的原则。

84. 简述野生食用菌的采集原则。

85. 食用菌的栽培需要具备哪些条件？

86. 绿色食用菌生产的具体标准主要包括哪些方面？

87. 绿色食品蜂蜜的采蜜区对环境有哪些要求？

88. 简述绿色食品蜜蜂饲养和蜂产品加工的标准。

89. 蜜蜂的喂养应注意哪些问题？

90. 如何防治蜜蜂疾病？

91. 举例说明蜜蜂的产品主要有哪些？

92. 蜂蜜加工生产中应注意哪些问题？

93. 如何管理茶园的土壤？

94. 简述茶园病虫害的防治。

95. 茶叶的采摘应注意哪些问题？

96. 如何储藏茶叶以保证茶叶的品质？

97. 你认为日常饮食中的特殊产品有哪些？请举例说明。

98. 你了解的我国食用菌资源有哪些，其生产现状如何？

99.食用菌的安全生产应从哪些方面进行控制？
100.野生食用真菌生产过程中应注意哪些问题？
101.谈谈你对蜂产品的安全生产的看法。
102.如何合理地管理蜂群？
103.谈谈你对茶叶安全生产的看法。
104.如何选择绿色茶园的茶地？
105.简述茶叶的加工工艺及加工过程中应注意哪些问题。